開一看，裡面有熱騰騰的排骨、青菜和一樣配菜，有時還有紅茶或綠豆湯，菜色著實令人生羨。到了放學必然還有一餐點心，可能是現成的麵包或餅乾之類，然後就是全家共度晚餐時光。

父親喜歡合菜，因此家庭料理多是三菜或四菜一湯。極少的機會他不在家吃飯，母親就會把餐食作成簡餐店的樣子，以一個大盤盛裝，並有一道魚或肉類主食，我們稱之為「好餐」。我是很黏媽媽的小孩，母親做菜時，我常在旁邊晃來晃去，問東問西，通常會被她沒好氣地趕走。偶而可以獲得幫忙的機會，或者把菜洗一洗，把豆芽的頭尾拔掉，但很少處理需要動刀開火的葷食，總之，一邊閒聊學校的事、一邊幫忙的下午，應該算是自學烹飪的最初記憶。

上了大學之後一個人住，開始興起想煮飯的念頭。套房並無廚房，便以電鐵板燒權充。偶而會到昂貴超市買牛排，也算是自煮公民人生的開始。幾年之後成為上班族，首度住進有廚房的公寓，因為離市區很遠，週末只好自己走進烹飪初學者必經的「地獄廚房」。比如笨手笨腳地用鈍刀劃開秋刀魚腹取出內臟，沾滿腥味的手整整臭了兩天；又比如從 Costco 買來的冷凍海鮮還沒解凍就拿來炒泡麵，下場是得到腸胃炎，連續兩天都躺在床上。更別提滷得黑漆漆的牛腱、自以為是牛肉湯的醬油汁，還有加了一整瓶紅酒後紅得發紫的燉牛肉了。

凡事一回生二回熟，就像只要對廚房事一直保持興趣，廚藝就必定會進步。隨著年紀漸長，能做、會做的菜色也越來越多，本來以為西餐比較簡單，也因為發現西餐必須精於各式各樣的醬汁調配，而逐漸改做比較熟悉的中菜與和食。主攻這兩樣菜色的原因並不奇怪，因為常吃，人總是從經驗裡面學習，烹飪也要從飲食當中學習。我從長安東路快炒店習得三杯，海安路蝦仁飯學會攪鹹，照燒料理學得調醬，壽司師傅教會我醃西京燒。模仿永遠是進步的動力，在模仿之中找到自己的手路，也是成長過程顛撲不破的道理。

作為一個懶惰的煮夫，武功秘笈裡面除了模仿，還有另一招叫做問媽媽。

酸菜鴨肉湯太鹹，問媽媽才知道酸菜要多洗幾次；煎魚老是被熱油噴到，問媽媽才知道要用餐巾紙先擦乾；抓醃肉類太白粉不能太多，竹筍回家就先煮熟冰起來才不會變苦；鹹蛤仔清洗後要用熱水澆淋才能小口微張。現在的我回到老家流連廚房時開始會被交代切菜炒肉，只是媽媽的廚房終究不是自己的廚房，老是找不到油鹽醬醋茶。

COVID-19疫情爆發以來，一下小孩停課、一會兒在家上班，不敢在外面吃飯，只好餐餐自己來。那段時間工作壓力不可謂不大，疫苗全球缺貨，我身邊的大小夥伴們用盡全力奔走、忙得天昏地暗卻被誣指擋疫苗；疫情升溫，各縣市卻各唱各的調，也不乏譁眾取寵的各種砲轟中央。雖然人在家中，每天早上起床手機也是叮叮噹噹，唯一能暫時擺脫世俗壓力的地方，好像就只有我的廚房。

通常吃完早餐後，我會把午晚餐需要的食材拿出來退冰，午餐的放外面，晚餐的放冷藏。午餐簡單吃，通常是義大利麵或者炒麵，十一點多下來準備中午即可準時開飯。晚餐比較麻煩，四點多要先開始洗菜、切肉，並準備足夠的蔥薑蒜。通常是同要煮最久的湯品或燉肉先開始，炒料整理好後放在流理台，然後開始回剛剛忙碌時沒回的訊息，大約六點多開始炒菜，菜上其實多半還是熱的。

這樣的日子持續了很長一段時間，偶而輪到我要進辦公室，也是盡量提早回家，或是在路上採買一些現成、或者是可以快速完成的菜色，整理一下即可開動。很多人疑惑工作這麼忙碌的時候，為什麼還能夠煮飯燒菜，我倒是覺得就是這麼忙碌，所以藉著烹飪爭取自己的自由時間，疫苗不會在三四十分鐘內買到、台美貿易對話不可能一小時內有成果，就像電視劇《人選之人》裡面陳家競的太太說的：「三十分鐘選情並不會逆轉」。

淡出政治圈後，有了自己的時間，有陣子我真的卯起來做菜，不但做，好為人師如我還覺得應該要在做菜當中找出一些意義。這道菜的歷史？有沒有名人喜愛？或者自己跟誰就著這道菜，有過印象深刻的飯桌對話？過去讀過的書一下歷歷在目，就這樣一邊燒菜，一邊讀書，相對於早先時間的「有事治大國」，現在的日子更像是「無事烹小鮮」。也因為如此，承蒙時報出版龔槵甄總編輯、關鍵評論網的羅元祺主編邀請，開始了往美食作家轉型的人生新階段。

這本書並非食譜，我想烹調一向隨興（比如鹽巴少許、鰹魚粉一點點這樣的單位）的我，寫美食主要是為了分享自己喜愛的食物，與好友共有的對食物回憶，還有生活經驗裡面所知道的食物小史或逸事，但必須說的是，這裡面所描述的食物，一定是我會做、做過的。惟因為這本書的關係，我也經常回去翻找過去飯桌上的菜色照片，有時候看到十幾年前做的菜，不禁呀然於這到底什麼地獄料理，下面留言居然還有一片讚聲，臉書的世界果然只是虛擬社交，不能太當真。

目錄

年越吃蕎麥

我常覺得日本人在台灣生活應該很舒服，一方面是台灣人生性沒那麼拘謹，另一方面則是台灣各種日本料理店齊全，只是，唯有蕎麥麵屋不知何故，特別少。中山北路巷子裡的「二月半」是蕎麥麵名店，幾乎午晚餐都得排隊，林森北路六條也有家蕎麥麵店，只有晚上開門。除了賣麵，也賣酒肴，價格並不便宜。比較像是食堂的，是日台交流協會附近的「長壽三好庵」，因為價格公道實在，口味也算中規中矩，頗受附近上班族的喜愛。

總之，台北的蕎麥麵店不多，想念蕎麥麵的日本人，大概得去高級超市買

麵條自己回家煮才行。

超市牌懶人蕎麥麵製作不難，麵條煮熟後以冰塊冰鎮，再將冷麵放入竹簍，然後把罐頭醬汁倒進豬口杯，切一點蔥絲和芥末，就可以沾麵食用。此外，煮麵水記得不要倒掉，待麵吃完後，可以摻入豬口杯當作湯喝，讓冷食後的胃感受一下溫暖。

小時候暑熱之時，我母親很常做這道菜。麵條放在竹簍上顯得特別美味，夾起來放進豬口杯再夾出來吃的方式也很新奇，我自己頗喜愛，只是常被未攪散的芥末嗆得哇哇叫！我問這是什麼菜，始知「ざるそば」這個日文詞彙。

某次去京都旅遊遇到下雨，天氣又濕又冷，從醍醐寺出來，肚子早已餓了，走回車站的路途又似相當遙遠。在山門前四下張望，好像有一蕎麥麵店，便推門走進去。主人招呼後送上熱茶，不久，一碗熱呼呼的蕎麥湯麵就送上餐桌。

那碗麵相當清爽，湯頭有柚子、胡椒的香氣，配上蕎麥麵略軟的口感，在濕冷的天氣裡暖胃又暖心，彷彿得到重新再出發的勇氣。

另一回夏天在日本小城市旅行，外頭熱氣蒸騰，令人汗如雨下，毫無食欲。我走進松本一家蕎麥麵店，點了生啤酒和ざるそば（蕎麥冷麵），啤酒花的苦味很鮮明，夏天喝起來感覺特別清爽，竹簍上的麵條看起來十分可口，冷麵咬起來比起湯麵有彈性許多，醬汁搭配一點芥末頗為爽口，也成為大暑時吃不下飯的百憂解。

蕎麥麵是日本人喜愛的主食之一，在東北、關東、信州等多雪地區尤其流行。蕎麥容易種植，在貧瘠的土地上也能收成，是饑饉時期最好的糧食。蕎麥顏色偏灰黑，並不討喜，一開始是貧窮人家餐桌上的食物。在製粉技術普及前，蕎麥作為窮人家的澱粉主食，有些是混入米飯中增加飽足感；也有人做成糰子狀沾醬食用。也因為如此，它常被視為低賤食物，貴族和武士不太會去吃。

日本製粉技術普及之後，人們發現把蕎麥磨成粉和小麥粉混合可以增加黏性，適合做成麵條來吃。小麥粉和蕎麥粉的最佳比例是二比八，「二八蕎麥麵」因而得名，售價是十六文錢。

蕎麥麵作法簡單，價格便宜，隨著幕府將軍德川家康一統天下，安定富足的江戶城下町人口繁盛，也就漸漸地流行了起來，它和壽司、天婦羅、烤鰻魚並列為「江戶四大食」。蕎麥麵是四大食當中最便宜的，而且宜冬宜夏，很快地，不只在江戶流行，各地街道宿場也提供蕎麥麵給旅人食用，可以說是經濟美味的外食選擇。

東北的岩手縣盛岡是蕎麥麵的產地，當地有道名物「木碗蕎麥麵」（わんこそば），將每次一口的蕎麥麵分量放在木碗中，提供給食客。蕎麥麵是很「涮嘴」的食物，讓人忍不住一口接一口，一吃就是十幾二十碗是很常見的事。木碗堆在桌上，氣勢驚人！

盛岡經常舉辦吃麵大胃王比賽，目前的紀錄保持人是頗有名氣的小林尊，他在十二分鐘內吃了三百八十七碗麵，總重量為九千六百七十五克。順帶一提，盛岡出身的「平民首相」原敬，也是木碗蕎麥麵的粉絲。

作家池波正太郎也是蕎麥麵的愛好者，他說自己當兵時由於營養不良，體重掉了二十公斤。二戰後日本百廢待舉，由於食物配給不足，外食店鋪也很少，若要出一趟遠門，必須自己帶簡易的便當。戰後初期甚至連米飯都沒有，只能吃番薯粉糰，大約在三年後才有米飯可吃。

池波正太郎所認定的戰後復興時間是一九五〇年，他說大約從那時起，日本經濟稍有起色，路上已有食堂出現，出遠門時不用再自己帶便當。而外食的最佳國民食物，就是蕎麥麵。因此，池波把蕎麥麵店的發展，當作日本復興的象徵。

隨著日本經濟起飛，食物的選擇愈來愈多，營養也愈來愈充足，過去窮人才吃的蕎麥，因為可以去除「三高」，搖身一變成為健康食品，蕎麥麵店的地位也跟著水漲船高。

池波正太郎為了創作，自我約束只能在晚上七點之前喝酒，因此大多數喝酒時刻，都是在蕎麥麵店。他說這也是家族遺傳，外曾祖母喜歡帶他去吃天婦羅蕎麥麵配一小瓶清酒，父親則會帶他去麵店喝完一杯再去看電影。這些家常習慣，給了他「蕎麥麵店就是會有美酒與酒肴」的印象。

蕎麥麵因為方便食用，過去是在宿場提供，現在也經常出現在車站內的「立食」。日本人很珍惜時間，也可能是為了衝刺經濟，經常忙到沒時間吃飯，因此開發出「立食」，它以便宜又實惠的價格，在車站月台內提供覓食的旅人簡單打發一餐的途徑。

月台內的「立食」既然是充飢，自然不求好吃。作家川本三郎在懷念妻子的《現在，依然想念你》書中，就提到一段有趣的回憶。他在旅行中吃到超難吃月台立麵，回家和太太抱怨，結果太太居然回應，想吃吃看到底多難吃。川本太太後來罹癌，治療期間常得吃醫院裡難吃的食物，但她總是會以「比那蕎麥麵好吃喔！」來自我解嘲，讀來也是一段鶼鰈情深的感人故事。

今年元旦假期去了一趟東京，彼時東京人幾乎都回了鄉下，路上的店家一半以上都沒開，一向熱鬧的赤坂街頭也是安安靜靜。尋覓午餐時，好不容易看到有家蕎麥麵屋營業，趕忙找到位子點了餐。最基本的套餐是兩碗湯麵和一盤沾麵，在寒冷的冬天裡小兒堅持要吃ざるそば，他說蕎麥麵就是要冷的才好吃，並恥笑我吃湯麵很傻，令人氣結。結帳時發現，價錢便宜得不可思議！

東京人把蕎麥麵當作「年越」必吃食物，有點像台灣人過年要吃長年菜，有「祝願健康長壽」之意，可能也因為如此，蕎麥麵屋才成為那一天冷清的東京街頭上少數開業的店家吧。

土用丑日吃鰻魚

傳說鰻魚涼補，炎熱的夏天食用最佳，因此在日本每年七月下旬到八月初的「土用丑日」，鰻魚便大受歡迎。

「土用丑日」中的「土用」是指每年的立春、立夏、立秋、立冬的前十八天，丑日則是每十二天一次，「土用丑日」一般指的是立秋前約十八天逢丑日，大約落在七月底到八月間，每年的日子可能不同，但總是一年中最炎熱的那幾天，有農曆大暑、三伏天的概念。

「土用丑日吃鰻魚」的原因，目前流傳最廣的說法是因為廣告而來。傳說自古以來日本人都是秋冬吃鰻魚，秋冬魚肥、富含油脂，吃起來確實比較美味。因此每到夏天，鰻魚店通常都生意清淡，老闆也很頭大。這時有一位叫做平賀源內的聰明人，利用文字的諧音和江戶人認為把丑日うし的う吃掉就可以消暑的習俗，將鰻魚うなぎ的う巧妙放入土用丑日食物名單，於是「本日は土用の丑、鰻食うべし」的廣告詞，一時在江戶（今天的東京）引發流行。

土用丑之日要吃鰻魚的說法，這幾年漸漸因為台日交流密切、網路發達之故傳入台灣，每年土用丑日前後，鰻魚飯也跟著大受歡迎。台北好吃的鰻魚飯不少，最有名的當然就是條通的「肥前屋」，肥前屋的老闆是日本人，走的經營模式是食堂路線，裝潢普通、價格實惠。這幾年鰻魚價格實在漲得驚人，我從鰻重一份一百四十元的時代吃到現在二百八十元，已經翻漲兩倍。

「肥前屋」幾乎是隨時在排隊，也有不少人覺得東西普通，浪得虛名。以食堂的水準來說，「肥前屋」用餐環境普通，不但老是得排隊，還要跟人併桌，每次都要匆匆完食，只適合一人前往。但這家老鋪無論是食材、烹調品質都很穩定，跑堂的阿姨們很有精神的吼叫，也成為食堂特色，因此雖非此生必吃之類的名店，只要經過時門口沒人排隊，我就會禁不起誘惑走進去。

「肥前屋」附近是鰻魚飯的一級戰區，我因為懶得排隊，最常去吃的是「梅子鰻蒲燒專賣店」。

「梅子」是經營台菜出身、開在台菜館對面的小餐廳，由於人少，吃起來總是挺悠閒。中年老闆好為人師，喜歡教大家怎麼利用空氣阻力在蛋捲上滴醬油，或者味噌湯應該先喝一口清湯再行攪拌之類的豆知識，聽聽也覺得有趣。他們的鰻魚飯並非別有特色，口味也中規中矩，偶而會不小心被細刺卡到牙縫，記得要帶上牙線。另外，餐後的梅子凍雖然樸實無華，吃來沁涼無比，算是店名「梅子」的附帶特色。

同樣在附近的還有「濱松屋」、「三河屋」，價格都是餐廳而非食堂，主打現殺的活鰻。其實「肥前屋」的鰻魚也是當日現殺，因此我並未嘗試過這兩家的現殺鰻魚，如果是冰箱拿出來的鰻魚，味道倒是沒有特別厲害。本來我的口袋名單裡，還有一家條通鰻魚飯老鋪「京都屋」，不過前幾年收了。現在經過原址，偶而會想起在騎樓即可向內張望的透明玻璃中，師傅們用心烤鰻的樣子。昨日黃花，想來令人不勝唏噓。

喜歡吃鰻魚飯應該源自於小時候的記憶，遇到重要的紀念日，家人會一起去吃日本料理。當時流行的是家庭式的台式日本料理，生魚片切超大塊那種。日本料理生食很多，小孩子的我尚未體會生食的美味，老是被分配到天丼之類的炸物料理。某次大人們聚餐，可能是在忠孝東路的梅村請客，意外吃到「鰻重」，甜甜的烤物均勻沾在晶瑩剔透的白飯上，實在是人間美味。從此我就愛上了鰻魚飯，每到日本料理店必點，從小一路吃到大。

常在是枝裕和導演的電影中看見日本人在家庭聚會中如果點了外帶，會選擇壽司或者鰻魚飯。他們和附近的店家點菜之後，店家連同木盒便當一起送來，吃完再送回去就好。看著電影裡的畫面，我經常興起想吃的念頭，好不容易去了日本，才發現鰻魚飯算是頗昂貴的食物，日本人遇到特別的節日或家庭聚會才會叫外賣。餐廳的價格更不用說，和江戶時代鰻魚是平民小吃的印象，相差甚遠。

作家池波正太郎喜愛的淺草駒行橋一帶的「前川」，我曾經在門口流連，看看菜單實在有點貴，太太也不是很愛吃鰻魚，於是作罷。池波正太郎在《昔日之味》中寫到小時候被長輩帶去鰻魚店，都會被特別叮嚀回家後不許告訴別人。一方面是怕左右鄰舍嫉妒，另一方面則是長輩不想讓家人知道今天自己去外面偷偷享用美食，花了不少錢。

關東的鰻魚我沒吃過，倒是去過京都嵐山一帶的「廣川」。那是家觀光客會造訪的名店，排隊時間大概要一個小時。我其實不愛排隊，但反正既然人都到了，就不妨入境隨俗吃看看。跟台灣的鰻魚相比，「廣川」的口味比較細緻，細刺可能挑的很認真，很少有被細刺卡在牙縫的困擾。套餐量少少的，不至於不飽，但並不會過量，有一種京都人的節制。

講到吃鰻魚，台日兩地都是鰻魚生產的大國，因為技術問題，鰻苗無法在養殖場培育，業者必須要捕撈野生鰻苗來養。台灣是野生鰻苗的棲息地，每年春節左右，嘉義的布袋溪口會有不少漁民靠捕撈鰻苗賺點年終獎金。大約這十幾年來，日本收購鰻苗價高，因此大量的鰻苗出口至日本，也讓國內的鰻魚養殖業者不禁怨聲載道。

後來政府決定禁止鰻苗出口，立意雖好，但政治干預市場常常帶來無法預期的後果。由於政府出手干預，後來鰻苗幾乎都改以走私方式，賣到高價的日本。本來不出口鰻苗的香港，幾年前突然開始出口鰻苗，所有內行業者都知道，這就是台灣鰻苗業者透過小三通等方法走私到香港，再轉運日本。除此之外，當時也有很多旅客夾帶鰻苗空運到日本，據說都是以條計價，價格不菲。

這些政策後果，導致了台灣鰻魚產業嚴重衰退，也漸漸地從鰻魚出口大國變成進口國。

我曾聽過早年鰻魚出口的業者有個說法十分有趣，據說他們會在成箱的鰻魚中放一、兩隻螃蟹，因為只要有螃蟹在，鰻魚就會隨時警戒，保持活力，動來動去，就不會在海運途中悶死在箱子裡。

我也聽過選舉成精的老前輩說過，台灣的地方選舉是縣市長搭配多席次議員，如果議員採取保守提名，提名者幾乎都是篤定當選，自然不太願意幫縣市長候選人衝高票。因此有時操盤手會評估總選票，多拋出一位同黨籍或親近同色彩的議員候選人入場，讓選將為了當選，統統活躍起來。當然，高額提名也有風險，沒算好票反而造成多一席落選，就像螃蟹偶爾會不小心夾死鰻魚，這真的要依賴操盤者的經驗和判斷了。

過去兩年的土用丑日都逢疫情，看到許多廣告，心中還是會興起想要吃鰻魚的念頭。有一次我去SOGO超市採購，一大片料理好的鰻魚大概也要四、五百元，實在不便宜。回家後放進烤箱加熱，平鋪在白飯上，加上一點味噌醃製的小黃瓜、現成的蛋捲，擺起來也有模有樣。後來某天我在專門賣冷凍魚的有機店看到鰻魚買十送一，一時腦波弱，就一口氣買了十一包鰻魚，結果吃了一年還沒吃完。今年的土用丑日，只好把去年的鰻魚拿出來吃。

十一包鰻魚竟然吃那麼久，原因無疑只有一個：不好吃。

麻油雞的回憶

在雞犬相聞的舊市區生活，經常用聞的，就可以知道鄰居今晚的菜色。

十月中旬的某日，我正在陽台晾衣服，樓下傳來陣陣雞酒香，聞著覺得肚子有點餓了，索性到冰箱翻找了雞腿出來，決定今晚來道麻油雞。

首先把老薑洗淨削皮，切成片狀，然後找一只炒鍋，先下麻油，再把薑放入，爆香後再將汆燙過的雞肉皮向鍋底輕放。不久，整個屋子就會出現吱吱響、味道香噴噴，接下來將炒鍋內的食物換到湯鍋內，倒入一整瓶紅標米酒，轉小火讓它慢慢滾大約四十多分鐘，香噴噴的麻油雞即告完成。由於小火滾過麻油雞酒精大多揮發，其實沒什麼酒味，喜歡酒味的可以在剛剛的程序結束後再下半瓶米酒，煮滾即起，這樣的麻油雞嚐起來就會充滿香氛的米酒氣味。

麻油雞非得用米酒不可，其他的酒類都不行。某次我因為手邊無米酒，就下了重本，用同樣是米釀造酒的清酒一試，結果因為清酒太甜，整鍋麻油雞味道偏酸，吃起來味道就是不對勁。這才知道，原來同是米酒系釀造酒，也一樣有入菜功能的清酒，並不宜拿來做麻油雞。

印象最深刻的一道麻油雞料理，是在新竹北埔。那是社區總體營造剛開始啟動的年代，許多懷抱理想、或者說百無聊賴的年輕人都跟著參加了工作隊，我正是百無聊賴者的其中之一。

在沒有高鐵、快速道路也不發達的年代，從東海到北埔也是一項大工程。要先搭台汽客運到新竹火車站附近換車到竹東，再從竹東搭乘一天沒幾班的公車抵達北埔。若是中午出發，大概要搞到晚餐時分才到得了。

創辦《青芽兒》雜誌的舒詩偉當時就住在北埔，參與工作隊的大學生都是在他家打地鋪。那天天氣剛轉冷，經歷了一整天舟車勞頓，再加上忙了半天刷油漆的工作，腰痠背痛。鄉下的晚上反正也沒事幹，晚上九點多正準備互道晚安就寢時，忽然有村裡的熱心人士端來一大桶澡盆大小的麻油雞。印象中除了雞肉外，還有白花椰菜。

大學生大概永遠都吃不飽，大家便索性不睡了，紛紛拿起碗筷吃起宵夜。我記得那鍋雞酒酒味很重，好像整鍋都是米酒一般，喝完人人暈頭轉向。有人起鬨要到田裡散步，希望能用夜涼如水的寒意來消除醉意，結果走在田埂上，每個人都搖搖晃晃地互相攙扶著，好不容易才回到住處。因此，麻油雞也就成為我在北埔工作隊期間印象最深的事，而客家雞酒威力超強的印象，也一直深植我心。

我具有客家血統卻不會說客語的阿嬤，也是雞酒達人。她的雞酒特別之處，在於加入了滿滿的雞胇。這道菜我從小就覺得有趣，口感很奇特，軟嫩又頗具彈性，咬下去之後彷彿在嘴裡化作豆腐花。小孩子在不知道那是什麼之前，多半會喜愛上它。這道菜我後來也彈性發揮，在麻油雞內摻入豬腸、豬肚之類的荷爾蒙組合，更豐富了湯頭的味道。

天冷的時候，若想在外頭吃麻油雞，第一選擇莫過於寧夏夜市的「環記麻油雞」。印象中第一次是跟羅文嘉一起去，那時候他剛卸任公職不久，揪了一票年輕人一起做《二次黨外》雜誌，內容多是有關公平正義、經濟民主之類的主題，很吸引當年的覺青如我，也因此在上面發表過不少文章。

記得每次開完會，文嘉不時會吆喝大家去小吃攤吃點東西，然後各言爾志一番。那是天氣剛變冷的十月，政黨輪替已經一陣子，但民進黨氣虛，國民黨氣勢正旺，一路攻城掠地，在野黨連監督都顯得奢談。大家對兩岸急遽靠攏感到憂心不已，深怕台灣的經濟就此陷入困境，民主傾頹隳壞，但當然也是狗吠火車，沒什麼效果。

「環記」是小吃宴的收尾，講到這裡，已經覺得台灣前途茫茫，只好閉嘴吃麻油雞。不過，我私心覺得「環記」最好吃的是麻油腰子，比招牌麻油雞更厲害。

後來政黨輪替，我陰錯陽差地進了總統府上班。前幾年改革推動有如便祕，進兩步退一步，偶而還得退上三步。在氣溫驟降的時節，總特別想吃麻油雞來補充被政治日常耗損過多的能量，才發現城中市場內有家「海豚灣小吃」。這家小店看似不起眼，但湯頭還不錯，吃點麻油赤肉什麼的，心裡的種種不平好像也就撫平了，只是老闆動作很慢，老讓人等得心肝火大。

不久後，博愛路上也開了一家「阿圖麻油雞」，這是台北有名的連鎖店，以前我在其他分店吃過，味道還算及格。工作壓力很大的時候，我也偶而光顧。印象最深刻的就是某年國慶前夕，不得不加班，想到今晚各種約會已確定泡湯之際，決定先拋下工作，好好吃一頓飯。於是跑去阿圖豪氣地點了豬血糕跟麻油雞，怒吃一場再回來上班。飽餐之後工作效率特別高，那天晚上我待到很晚，搞到憲兵以為房裡鬧鬼，連巡邏敲門時都怯生生的。

也因為如此，十月於我來說，不知不覺就變成麻油雞的季節。無論是聞到自己親手做的麻油香，還是工作結束後來一碗都很療癒。人家的光輝十月，也是那段時間的我工作最繁忙的季節。來碗麻油雞火上加油，覺得溫暖療癒，雞酒的香味，也成為記憶中屬於十月的味道。

粽子大決戰

每年端午節大家似乎都要戰一下南北，身為北部人的我，偶而也會參戰嘴兩句。但老實講，我是很喜歡粽子的人，不管南粽、北粽、湖州粽，其實都是來者不拒。有時天氣很冷，還會特別跑去離家不遠的粽子店，點一粒肉粽、一碗湯，吃完頓時覺得滿足，全身熱呼呼的。

家附近的粽子店本來是「王記府城」的連鎖店，後來解約了，直接改名府城肉粽。聽名字想當然耳是南部粽，價格每幾年就上漲一次，「一粒肉粽一碗湯」的組合，從一百元有找，到現在還要貼上幾個零錢，轉眼之間也是幾個年冬的事。要說好吃，其實味道普通，但該有的都有，出外人想解饞或是北漂的南部人想念家鄉味時，絕對是一張不會出錯的安全牌。

離我家不遠處還有另一家南部粽小店「一甲子」，此店的招牌菜是焢肉飯，但也有賣碗粿和肉粽，都是台南口味。跟台南的名店相比當然是有一段距離，但打開有撲鼻香味的黏黏水煮米粽，以及相當素樸的瘦肉、香菇，偶而吃倒是不錯。這家店本來就是艋舺排隊名店，兩年前獲得「米其林必比登」加持後，連內用都得排隊，近來就比較少去了。

北部人吃南部粽算是一時解饞，真的要體會南部粽的美味，還是得南下品嚐。台南市區最有名的兩家粽子店當屬「劉家肉粽」和「再發號」，各有粉絲，味道也各有千秋。劉家的味道比較素樸，就是細緻好味的傳統南部粽。「再發號」比較奢華，不僅口味多，粽子也比人家大顆，一顆就可以抵上兩顆的分量，適合年輕人和大胃王。不過，若與對美食頗自傲的台南人提起粽子，他們必會說，那都是觀光客的店，再取決於交情，決定是否要說出自己的口袋名單。

台南人吃的菜粽就是素粽，內餡只有花生，配上味噌湯，據說是許多台南人早餐的心頭好。「王記府城」也有賣這一味，但我並不喜歡粽子包花生，所以很少嘗試。根據台南好友的說法，吃菜粽才會加一大匙花生粉；如果把花生粉放在肉粽上，就會被相當挑剔的在地人認為是不懂吃。

講到黏黏的粽子，不得不談論又稱「湖州粽」的外省粽。不同於本省粽不分南北，都包成三頭尖尖的「肉粽」造型，外省粽通常是長條狀。以湖州粽的名稱判斷，應該比較接近傳說中屈原投江典故的粽子原型。除了形狀特殊之外，湖州粽的內容物相對單純，就是煮得黏黏的糯米，加上一塊肥肉，頂多再加上一顆蛋黃，仁愛路的「九如商號」就是這樣賣。

還有像中山堂附近的「鼎豐記」我偶而會去，粽子加上一碗雪菜肉絲或油豆腐青菜湯，也覺得相當美味。中山堂一帶在日治時代稱作「榮町」，是日本人的活動區域，也是早期台北的商業中心。戰後日本人離開，改由上海人進駐，不少布莊雲集，當時的台北人要訂做西裝、旗袍都會選擇這邊的店家，而不是本省人活動範圍的大稻埕。

中山堂附近也有不少以江浙菜為主的外省館子，中菜西吃的「上上咖啡」和前陣子剛收攤的「隆記」應該是名氣最響亮的。「鼎豐記」是什麼時候開業的，我不曉得，但印象中很小就吃過親戚從中山堂附近買來的蟹殼黃和外省粽，如今想來也許就是「鼎豐記」買的。

提到外省粽，當然不能不提南門市場。南園、立家都是外省粽名店，但這幾年南門市場整建，暫時遷移，熟食第一品牌「億長御坊」在百貨公司地下街和網路商場攻城掠地，已經成為南門市場肉粽熱銷的代表品牌。當然，也因為入境隨俗之故，南門市場各家肉粽名店，除了外省粽之外，也都兼賣南北部粽。

我是北部人，基於飲食習慣，戰南北粽的時候，通常會站在熟悉的北部粽這邊。不過，若問我哪裡有好吃的北部粽？我一時也答不出來。勉強想想，大概就是十八王公附近的石門肉粽。

還記得有一年清明節，清晨五、六點就出門掃墓，淒風苦雨之中來到石門，停車後買了粽子填肚子。粽子很小顆，內容也很素樸，但一家人你一口、我一口，吃得津津有味。

我很認真思考自己答不出哪裡的北部粽好吃的原因，大概是因為就像所有人談起愛吃的粽子，總覺得自家包的粽子最好吃。

我家的包粽子大王是二嬸，她有天生的好廚藝，讓全家人每年端午都殷殷盼望著她包的肉粽。內餡其實不複雜，就是香菇、肥肉、蝦米、栗子，頂多再加上一顆干貝，偶而興致大發會加上鵝肝，升級成豪華版。那是大家最熟悉的

粽子味道。

二嬸還會包一種鹼粽，台語發音是「羹」粽。小小一顆，沒有內餡，從冰箱拿出來即可沾砂糖食用，很受小朋友歡迎。據說這種粽子在北部和客家庄比較多，在南部很少見。姊姊從小就很喜歡吃鹼粽，我聽過現在住台南的她抱怨到處都沒有賣鹼粽，只能等待二嬸的冷藏宅配。我問了客家庄出身的太太有沒有吃過鹼粽，她倒是見怪不怪的回答，從小吃到大。

太太是客家人，除了鹼粽之外，端午節也經常會收到親戚從鄉下寄來的客家粽，內容和北部粽大同小異，但通常是以菜脯和瘦肉為主餡，味道也很不錯。因此每年粽子南北大擂台時，她南部、北部、外省粽都不選，唯一支持客家粽。

端午節既然是家人團聚的三大節慶之一，每個人心中最好吃的粽子，永遠是自家的粽子。熟悉的家之味，已經定義了我們覺得什麼樣的粽子最好吃。

我雖喜愛下廚，但並不會包肉粽，究其原因，可能和我媽不會包肉粽有關。還記得重考大學那年的端午節前夕，同學提醒媽媽今年務必「包粽」，小孩考試才能「包中」。望子成龍的母親破例包了粽子，她的作法就是用麻油炒泡發的香菇、金鉤蝦、瘦肉絲，加上煮熟的糯米翻炒，再包成粽子的形狀。坦白說，就是大家喜愛消遣北部粽「3D立體油飯」的作法。

我母親再三提示，她並不會包粽子，因此蒸好後把粽葉打開，粽子隨即解體，又回到油飯的原始造型。儘管如此，我還是覺得那年母親包的粽子很好吃，也如願「包中」，順利考上了大學，為修行般的重考人生劃下了圓滿的句點。

蘿蔔季節

冬天是蘿蔔的季節，市場上的蘿蔔會開始由進口的山東蘿蔔換成國產蘿蔔，當季的國產蘿蔔香甜清脆，很受歡迎。但一個蘿蔔很大，通常得分兩次煮；如果菜攤上有嬌小的白玉蘿蔔，我會不嫌昂貴地買個五、六條回家酌量烹煮。

蘿蔔煮湯萬年不敗，無論是搭配雞肉、排骨還是牛羊肉，甚至單純的魚丸貢丸，只要花點時間，就能輕鬆燉出一鍋好湯。首先是將蘿蔔削皮切塊，肉類氽燙過洗淨，然後放入鍋中，加一點米酒和鹽，燉一小時即完成。寒冷的冬天有鍋熱呼呼的湯上桌，頓時覺得用晚餐作為一天的收尾，相當圓滿。

但簡單的東西往往最難做。我住的萬華是蘿蔔排骨湯的激戰區，但我總覺得最好吃的，還是祖師廟對面的「原汁排骨大王」。這家店本來位在祖師廟旁的違章建築當中，旁邊有牛肉大王、清粥小菜相伴，環境不是很好。後來祖師廟旁的違建逐漸傾頹，排骨大王就在對街另外租了店面，裝潢後外觀新穎了不少，當然也提高了售價。

排骨大王的排骨湯據說是老闆每日嚴選大塊排骨，和大塊蘿蔔一起熬煮，湯頭很甜，味道濃烈，和自家燉煮的清爽味道很不一樣。除了排骨大王，萬華也有好幾家賣排骨湯和高麗菜飯這些艋舺人的日常小吃攤，和平西路上的「原汁排骨湯」生意很好，價格比較便宜，但我個人還是偏好味道濃郁的原汁排骨大王。

蘿蔔燉雞湯也很不錯，加一點香菇就是香菇雞，加一點菜脯就是菜脯雞，可以自由變化。客家料理有一種黑色的老菜脯，可以跟黃色的菜脯、白蘿蔔搭配燉雞。「老菜脯雞湯」湯頭顏色較深，味道甘甜，是我冬天時很喜歡做的一道湯品，若放隔夜味道濃烈，酸味和甜味明顯，更加好吃。

如果是燉牛肉，我個人偏好紅燒。作法稍微複雜一點，但並不困難。首先還是汆燙番茄，在番茄底部畫一個十字，放入滾水中汆燙取出後以冷水沖，輕鬆剝掉番茄皮，讓烹煮時美觀許多。再來是用同一鍋水汆燙牛腩或者牛腱，我個人偏好台灣牛的牛腩，肉質稍微硬一點、帶點筋，比較不會因為燉太久而失去口感。

然後是蔥薑蒜和一點花椒炒一炒，將牛肉和切塊的紅白蘿蔔、番茄與切細的洋蔥放入，加點豆瓣醬和醬油翻炒。如果想要顏色美，可加一點番茄醬調色。翻炒均勻後，緩緩加入水、米酒或紹興酒，開小火燉煮，中間稍微翻攪一下，避免黏鍋，約兩小時左右即大功告成。

紅燒牛肉是我在西門町的川菜館「黔園」所學到的料理。「黔園」有兩家，據說是兄弟分家，川菜街那家已因不敵疫情而關門。我比較喜歡的是附近小巷那家，內場是一對父子照料，兒子長得很帥，老爸看到熟悉的老客人時會送上一碗蘿蔔排骨湯，再和客人閒話幾句家常。

「黔園」似乎適應了台灣人口味，紅燒牛肉番茄醬加得多，味道偏甜，我也是因為吃了這道菜才知道，原來可以使用番茄醬調色調味。雖然不知道這是不是四川人喜愛的料理，但紅燒牛肉頗下飯，番茄和洋蔥融化在湯內，紅白蘿蔔和牛肉吸滿了湯汁，等著你一口咬爆它。拌飯也很好吃，大約可以配上兩碗白飯沒問題。

蘿蔔是關東煮裡不可或缺的角色。削皮之後切塊，放入柴魚或海帶高湯烹煮，等香味浮現再加入其他不耐煮的丸子、菜捲等食材，就是一鍋好吃的關東煮。記得蘿蔔宜多放一天，會更入味。

在我的口袋名單中，好吃的關東煮首推武昌街的「添財日本料理」，它的蘿蔔相當入味，很難有其他家可與之媲美，就算是不愛吃蘿蔔的人也會愛上。不過，他們的湯汁比較濃郁，是不能喝的。

華西街的「壽司王」也是關東煮的美味名店，味道相當美味，寒冷的冬天來碗熱熱的關東煮，心裡頓覺一股暖意升起。老闆每裝盤一道菜，就拿抹布往檯面擦一擦，因此檯面常保晶亮，整個店面乾淨又漂亮。

和「壽司王」的清潔完全相對的，是還沒搬家前的內江街無名日本料理。每每經過老店面，就會聞到一股關東煮沒熄火，連續煮了一整個星期的味道，混雜著廚房裡煎煮炒炸的油煙，讓騎樓瀰漫著各種奇異的氣味。搬到新址後，它的廚房移到後面，從旁邊走過，比較難聞到這些混雜氣味。作為店招牌的關東煮依然在最前方，只要說出想要的食材，老闆從鍋裡撈出到切好裝盤，約莫不超過十秒鐘的時間上桌，也是一種特技吧。

蘿蔔是台灣常見的農作物，冬季在我岳父鄉下種的田裡常見蘿蔔收成，有時也會邀請小朋友來拔蘿蔔。講到拔蘿蔔，最有名的莫過於高雄美濃。美濃產的白玉蘿蔔細細長長，和我們常見圓滾滾的大蘿蔔不太一樣，口感細膩好吃，有些人甚至不削皮就直接下鍋煮。

有次因公出差下高雄，路經美濃，在路邊的小吃店稍作停留。席間，老闆送來的第一道前菜就是辣醃蘿蔔。小小的白玉蘿蔔切成片狀，先用鹽醃一下出苦水，再加上米酒、辣椒醬放進冰箱醃個半天時間，吃起來口感脆嫩，大小又剛好，不知不覺就把一盤給吃下肚，還跟老闆多要了一盤。

老闆說目前正值蘿蔔季節，醃了很多，不藏私地給了一大盤，我一樣吃到盤底朝天，難忘好滋味。

好友鍾舜文有一系列膠彩畫作的主題，主角是小巧玲瓏帶纓的白玉蘿蔔，它有著鬚根，頭尖尖的，白色的身體蘊含著一股剛挖出來的土地感，饒富趣味。她畫的不僅是母親田裡的農作物，也是大地滋養一家人的美好回憶。於觀者我的印象，則是一桌甜脆的辣蘿蔔，以及冬天184縣道上常出現手寫的斗大「拔蘿蔔」立牌所組成的冬之風物詩。

夏令綠竹筍

入夏之後竹筍大出，每到菜市場專門賣筍的攤位，看到滿坑滿谷的綠竹筍，我總會買個幾根回家，做沙拉鮮甜、煮湯清爽，真的是夏天廚房的最佳良伴。

我常光顧的三水市場有攤專門賣竹筍，老闆娘提供代客剝殼服務。她會先問你要涼拌還是煮湯，涼拌的話不剝殼，把屁股削掉後從尾巴往上劃一刀，水煮時才不會失了鮮甜。煮湯的話可以整顆剝光，纖維削掉，可減少家中廚餘，甚至若當餐要烹煮，幫你切片也沒問題。

二〇二一年 COVID-19 首次三級警戒來襲、肆虐萬華時，疫調中一位感染者的理由是「去龍山寺買竹筍」，於是有人開始訕笑，「到底哪家竹筍如此好吃？」我看到報導心裡就想，去龍山寺買竹筍的，不就是我嗎？不過，不瞞大家說，三級警戒宣布當天，我正巧在三水市場買竹筍，接到電話把心一橫，趁著回家前趕快再梭巡一次，備好禁令下的多日餐食。當時以為頂多兩週，沒想到斷斷續續持續了兩年。

涼拌竹筍要挑大一點的，帶殼放入冷水煮，一般大約滾後煮十分鐘。起鍋後泡入冰水放涼、剝皮切塊即可食用；比較講究一點的會在鍋裡燜個一、二十分鐘，或者在冰箱冷藏一整晚。但我的煮法一向是求快，因此自動跳過這幾個耗時工序。涼拌竹筍的台式標準吃法是加美乃滋，我不喜歡美乃滋的味道，尤其對上面有彩色糖霜的美乃滋感到害怕，通常我的竹筍吃法都是沾帶點甜味的白醬油。

竹筍煮湯是常見的作法。上班族很忙，時間分秒必爭，竹筍蛤蠣湯算是下班後烹調的「得來速」。先把竹筍切片，加水和一點米酒、適量鹽巴，以小火滾到香氣溢出，再將火轉大，把吐過沙的蛤蠣放入，等水滾後蛤蠣開口即可上桌。喜歡有一點油味的人最後可以加點香油和蔥花，不加也無所謂，味道更清爽。如果沒有蛤蠣，冰箱常見的貢丸也是如此應用，搭配其他餐點，左右兩邊火爐同時啟動，半小時內就能擺滿一桌豐盛的料理。

有時間的話，雞肉或排骨可說是竹筍湯的好夥伴。喜歡油一點的用雞肉，喜歡清爽一點的可以用排骨。肉類先氽燙過，用清水洗淨之後和筍子放入鍋中，開啟小火，加上適量鹽巴、米酒，大約煮一小時，等到肉和筍的鮮甜都釋放到湯裡即可上桌，和所有的湯品作法並沒有什麼差異。

除了主菜之外，竹筍用於點綴也是一絕。江浙菜系最多竹筍，「雪筍炒肉絲」是雪裡紅、竹筍和肉絲的組合，如果沒有雪裡紅，加點辣椒絲就是小孩子最愛拿來開玩笑的「竹筍炒肉絲」。油燜筍偶而跟烤麩搭配，則是自成一格的

「盆頭菜」，我也看過將筍子帶入紅燒肥腸的作法，可以消解肥腸的油膩。

這幾道菜都是小南門的「川揚郁方小館」的手路菜，這是家裝潢不起眼的小店，但這幾道菜都很好吃。我還記得第一次去這家餐廳，點了幾道川菜，覺得味道不怎麼特別，心想是否浪得虛名？後來看到併桌食客專點江浙菜，什麼「雪筍炒肉絲」、「肉絲炒干絲」，才知道不是人家做的料理不好吃，是自己不會點菜。

竹筍也可以炊飯或者入菜，傳統台灣小吃有兩道竹筍經典，一是竹筒飯，另一樣是竹筍肉圓。竹筒飯常見於原住民族的料理，漢人也學來吃，最有名就是盛產竹子的溪頭竹筒飯。

小時候和家人去溪頭遊玩，走進森林遊樂區路口的幾家野菜料理店，最令人期待的就是吃到用竹筒盛裝、對剖開來香噴噴的竹筒飯，吃完還可以把竹筒帶走。

這種炊飯方式在日本春日時節也很常見。我曾聽日本料理師傅說過，日本的筍子纖維比較粗，不像台灣的綠竹筍多半鮮嫩可供涼拌，因此很多都是切塊拿來炊飯，作為當令食材；也有人做成筍乾鋪在拉麵上。不過，聽說這種筍乾經常都是從台灣進口。

竹筍肉圓也是常見的小吃，肉圓分南北，有炸、蒸兩種作法。在高鐵還沒有彰化站的時代，彰南是台灣最難抵達的地方之一。有一次為了選舉造勢，我提前趕赴現場，從台中高鐵站花了一千多塊搭計程車才順利抵達二林。當我到達時造勢活動已經開始，飢腸轆轆的我在街上尋找食物，看見一家肉圓店，不疑有他，就走了進去，點了肉圓和竹筍湯。那肉圓皮脆心軟，鮮筍搭配鮮肉，吃了一顆還意猶未盡，於是又點了一顆，結帳時覺得太便宜，還愣了一下。回家一查才知道，是超有名的在地美食「肉圓壽」。

中國文人喜歡畫竹子，認為竹子堅挺，愈高愈低垂，符合君子的氣節。這樣的水墨題材也影響了日本和台灣的畫壇。別說中國畫一系的傳統以梅、蘭、竹、菊入畫者多，連台灣的前輩膠彩畫家郭雪湖、林玉山都畫過竹子。不過，他們筆下的竹子並非主角，而是鳥雀棲息的枝枒所在，惟妙惟肖的竹雀們是辨認這些膠彩畫家和中國文人畫差異最好的方法，少了「文以載道」的意境和說教，反而為作品增添了一分眼下風景的真實感。

畫竹子的人多，畫竹子小時候的樣子——竹筍的人倒是很少。我的好友鍾舜文有一系列描繪笠山風景的〈日常採集〉，其中不乏農作物。舜文畫畫很有耐心，勾勒動物的絨毛都是一根一根的畫，令人想起台灣最具代表性的畫家之一郭雪湖，他筆下新綠的葉子都是一片一片勾勒，十分細緻。〈日常採集〉其中一幅作品的主題便是「竹筍仔」，日常食物在她筆下活靈活現，彷彿等下就要拿去剝殼烹煮一般。

筍有許多兄弟，麻竹筍、桂竹筍、蘆筍都是常見的食材，味道各有千秋，也因應地域或族群不同，有各自的吃法和歷史。還記得中學的叛逆期，我不喜歡念課本，經常都在讀小說，林雙不有名的批判之作《筍農林金樹》就是當時所拜讀的。

提到筍，覺得應該要回頭翻閱這部批判不義的小說，畢竟當年讀的東西，現在都已經隨著年紀增長，不是忘了，就是深深埋藏在心靈深處。長大後重讀才憶起，筍農林金樹種的是蘆筍，不是竹筍。

夏之瓜

春去夏來，市場上的瓜類蔬菜大幅增加，蒲瓜、絲瓜、苦瓜、大黃瓜、小黃瓜、櫛瓜擺滿菜攤，也凸顯了夏令的熱鬧氣氛。

一個大苦瓜分成兩半，先把籽挖空，再依照想做的料理切片。我通常是一半切塊煮湯，一半切薄片炒鹹蛋，或是涼拌。苦瓜可以做雞湯或是排骨湯，作法很容易，先汆燙去苦味，再和汆燙過的雞肉或排骨一同燉煮一小時，加點蔭鳳梨會更有味。

涼拌就是汆燙過再煎，放涼後找個容器，把破布子、米酒和酸梅放進冰箱醃一個晚上即可。至於炒鹹蛋，要把蛋黃、蛋白分開，分別絞碎，先下蛋黃、再下汆燙過的薄片苦瓜，炒至苦瓜稍微透明後下蛋白炒勻即可食用。

小時候聽到苦瓜就不想吃，出社會開始工作後大概是因為經歷了許多苦處，覺得苦瓜不但不苦，苦過之後反而甘甜，正所謂「先苦後甘」。

我最早吃到的苦瓜排骨湯是在「鬍鬚張」，台灣的滷肉飯小店很喜歡把苦瓜排骨湯用不鏽鋼杯盛著，放在電蒸鍋裡蒸，一人一小碗，味道挺令人驚豔。

我自己很喜歡的苦瓜排骨湯是新竹中正路上的「源味燉品屋」。多年前在新竹念博士班時，下課後常會到市區吃碗滷肉飯、苦瓜排骨湯，再沿著全新竹人行道最好走的中正路或者府後街的運河邊，散步到火車站，搭車北返。多年後竹市政黨輪替，不知道以後在這散步的市民，會用什麼樣的心情回憶這座曾經飛快進步，擔當美學典範的跳級生城市。

涼拌苦瓜首推米其林一星名店「大三元酒樓」，那是辦桌上菜前的幾道小菜之一，酸梅摻入的酸甘甜蓋過了苦瓜的苦，而「小時候不敢吃苦瓜」的陳年往事，也成為閒話家常的題材，解除了應酬桌上常有的尷尬。

至於鹹蛋炒苦瓜，公館附近的「重順川菜」、「峨眉川菜」都很好吃。尤其「峨眉」刀工特別幼路精細，薄如蟬翼的苦瓜帶著油，吸滿了細碎的鹹蛋汁液和鑊氣，我自己不管怎麼嘗試也煮不出這樣的味道。

苦瓜和羊肉很好搭配，是捷運民權西路站附近的「下港ㄟ」羊肉店最好吃的一道菜，小魚乾、羊肉和切薄片的苦瓜，光是這道菜就可以扒下一碗飯。

苦瓜不只台灣人喜歡吃，也是沖繩人的家常料理。沖繩苦瓜的作法跟鹹蛋苦瓜大同小異，不過沖繩人是用一般的蛋和豬肉拌炒，並沒有收乾湯汁，起鍋時撒上一把柴魚和蔥花，可能因為熱度還在，柴魚會像開花一樣在鮮綠的苦瓜上開合著。台北林森北路附近的沖繩料理「和幸」、「美麗島」和不少居酒屋，都有這道沖繩風味名菜。

絲瓜也是常見的夏令蔬果，據說可以止痰，患有肺結核的俳句詩人正岡子規養病的床前，就有數株絲瓜。他的死前絕句在感嘆自己的病情嚴重，大概來不及採絲瓜了。今天在東京根岸附近的故居「子規庵」，也可以看見他病榻前的絲瓜棚，感受一下詩人的無奈與自嘲。

日本人其實不太吃絲瓜，他們的絲瓜通常是拿來做絲瓜水。子規是用來去痰，但一般人會拿來洗臉，作為臉部保養品的「絲瓜水」在台灣也很常見。

絲瓜是尋常作物，既然能入詩，自然也可以入畫。前輩畫家席德進畫過一幅絲瓜花，雖是小品，但在當代台灣美術史上別具意義。當水墨畫家們還忙著畫梅蘭竹菊的時候，席德進卻選擇了本土常見的黃色絲瓜花這類主題，也意味著這位外來畫家開始欣賞身邊所見的平凡美好，而身邊所見的凡常之美，正是席德進來到台灣之後的創作主題。另一位前輩畫家蕭如松也畫過絲瓜，他畫絲瓜的年代，寫實主義已經褪流行，畫家正開始嘗試用立體、幾何的方式呈現絲瓜與蛤蠣，也是一種平凡生活的雅趣，看了會有點想在這樣的熱天，來盤絲瓜蛤蠣。

絲瓜多水，炒時若水量調整不當，結果很容易是滿滿整鍋水。絲瓜也是百搭食材，清炒很好、加點金鉤蝦也有味，想辣一點就加XO醬。也有很多人會像蕭如松，拿來和蛤蠣一起炒，絲瓜的甜和蛤蠣的鮮相得益彰，頗搭配。也可以模仿鹹蛋苦瓜的作法，做成鹹蛋絲瓜，但要注意水不能太多，否則鹹蛋都化掉了。炒絲瓜除了要注意水量之外，還要注意切片不能太薄。相比苦瓜愈薄愈入味，絲瓜因為會出水，切太薄會脫水，吃起來就少了口感。我自己的作法是對半切再沿長條分成兩半，然後掌握厚度切成一片一片，這樣不會太薄，炒後也還有個形狀。

講到絲瓜，自然不能錯過一對寶的蒲瓜。台語有謂「人若衰，種蒲仔生菜瓜」，意指人倒霉時事事不順，就算種下去的是蒲瓜，收成的也會是絲瓜。蒲瓜硬掉後會成為葫蘆，因此很多人會覺得蒲瓜應該很硬，其實不然。蒲瓜很軟，削皮後切成條狀來炒最入味，搭配的菜色和絲瓜接近，但蒲瓜稍硬，口感較佳。

蒲瓜之難，在切條狀很難。

神廚之所以和我輩不同，就在於他們總能一眼就看出該怎麼切最美、最便利；而我輩之人總是下了刀，才想到這樣切好費工，應該要那樣切才是。

大小黃瓜也是百搭料理，我喜歡酸酸甜甜的涼拌小黃瓜，作法是洗淨切片後抓鹽置放約十五分鐘，然後加入味醂、清酒、白醋、砂糖，在冰箱靜置一個晚上即可。涼拌的醃漬物作法隨喜，不管你喜歡大蒜、辣椒還是味噌，都沒問題。

如果買到昂貴又美麗的有機小黃瓜，沾點赤味噌生吃也是一絕，這是我造訪京都時在大原三千院的參道時發現的。攤販將小黃瓜泡在木製的冰桶裡，要吃時取出抹上一點味噌，瓜甜味噌鹹，別是一番滋味。

小黃瓜本來出產在喜馬拉雅山南麓一帶，後來傳入中國，又傳到日本，因此在華語區和日語區都有另一個別稱「胡瓜」。早年日本小黃瓜含水量不多，被認為是下等瓜種。後來經過改良再改良，含水量達到百分之九十以上，才流行生吃。

至於大黃瓜在台灣多是拿來煮排骨湯，作法跟苦瓜排骨差不多，一樣要去籽，否則煮出來會是一碗籽。日本的「加賀野菜」有大黃瓜料理，不過日本人口味單純，野菜料理經常就是放在蒸籠當中蒸煮，撒一點鹽便可以食用，吃起來更接近食物的原味。

最後要講的是櫛瓜，早年台灣比較少見，都是西洋料理在使用，現在市場、超市經常可見。櫛瓜會吸油吸汁，很適合和油滋滋的鴨胸、牛排等西式食物搭配食用。我常用鴨油或牛油香煎切片櫛瓜，撒點香料就很好吃。比較台式的作法，會用牛肉或鴨肉炒片一起拌炒，但拌炒似乎條狀比較容易翻動，片狀很容易互相沾黏，難以攪動。

夏季是瓜類的時節，這些瓜類在天氣炎熱的台灣特別多。我每次去日本旅行，最大的困擾就在於蔬菜攝取不容易。苦瓜、絲瓜、蒲瓜、大小黃瓜和櫛瓜，都不是日本人慣常吃的料理，要在南方的沖繩，或是日本海邊的加賀才會出現，似乎不是主流食品。

這幾年日本流行「京野菜」，共有三、四十種京都周邊種植的蔬菜受到認證。不過，多是以像是山藥、蕪菁、地瓜、紅蘿蔔等根莖類為主，比較有名的非根莖類就是賀茂茄跟苦苦的水菜，台灣人所熟悉的瓜類在日本似乎非常少見。我看了京野菜的列表，也沒看到瓜類在其中，顯見這些夏季蔬果是我們北回歸線子民的珍寶，帶給喜愛料理的人們更多發揮的空間，可以在中國和日本兩個殖民者的菜系之間，找到自己的料理歸屬。

番茄是蔬菜還是水果？

小兒有本名為《番茄是蔬菜還是水果》的繪本，睡覺前總會拿來翻閱。看完之後他常問我同樣的問題：「番茄是蔬菜還是水果？」說番茄是蔬菜，菜市場的盒裝小番茄明明就是當水果吃；說它是水果，拿來燉牛肉、煮義大利麵紅醬時，又比較像是烹調用的蔬菜。

如果說是因為品種不同，牛番茄、黑柿番茄應該是蔬菜，小番茄是水果才對。偏偏生菜沙拉常有小番茄，而你若到南台灣，就能吃到黑柿番茄切片沾醬油膏的「番茄切盤」。

番茄本來就不是特別吸引人的水果，更何況作為蔬菜的番茄卻當作水果切盤拿來吃，還要沾醬油膏，對於從來沒看過這種食物的我來說，簡直難以想像，絕對敬謝不敏。

有一回到高雄旗津，媽祖廟旁邊的攤位每一攤都寫著「番茄切盤」，看見亮晶晶的綠番茄成堆擺放，本想速速通過，同行的在地友人卻勸我務必一吃。高雄人好客，也一向勇於嘗試，和他站在一起，自己好像突然變得勇氣百倍，於是勉為其難地吃下肚了。

結果一吃成主顧。說是醬油膏的那碗沾醬，放入了砂糖、薑粉調味，口感有點像是南部人喜歡的甜味油膏。沾上切片的番茄張口咬下，酸甜的果汁立刻沖淡了油膏，味道頗為爽口，讓人忍不住一口接一口。

在旗津了克服番茄切盤的障礙後，我帶著太太在對岸的鹽埕「婆婆冰」大快朵頤。太太也是北部人，初聞相當驚嚇，但她畢竟比我更有嘗試的勇氣，後來每每南下，我們都要找個番茄切盤吃吃看。

除了高雄之外，台南也有不少冰果店販賣番茄切盤，其中頗有名氣的就是「莉莉冰果室」。比起旗津的重口味，莉莉的醬汁調味比較清淡，油膏的顏色比較淺，甜度沒那麼甜、鹹度也不那麼鹹，相信喜歡清爽口味的人都會喜歡。

除了做成切盤外，黑柿番茄其實也是烹調時不可或缺的重要角色，比如紅燒牛肉，少了番茄就少了一味。為了呈現鍋內的食物美觀，紅燒牛肉時番茄務必要去皮。方法很簡單，在番茄的屁股上畫個十字，丟進水裡，等水滾後撈起以冰水沖洗，在冰火二重天之下，番茄就掉皮了。如果沒有這道工夫，燉煮的番茄皮會自行掉落，湯裡難免有些難看的雜質。

這道菜用常見的紅色牛番茄做也行。當然，紅燒牛肉如果色澤要美，是可以加一點番茄醬，口味也會更大眾化。

相較於作為蔬菜的牛番茄和黑柿番茄，作為水果的番茄近二十年來曾經歷一番改革。我輩中人不喜番茄，多半是因為從小吃過的番茄皆不甜，夜市小販把番茄變成糖葫蘆，或者是中間切開夾蜜餞，大家倒是可以接受，也是相當受歡迎的零嘴。雖然小時候我也幹過把蜜餞吃掉、把番茄偷偷丟掉的行徑。

近年來農業技術日益成熟，番茄變甜這件事成了常態。在立法院上班時，由於常有熟識的立委來自雲嘉，冬季便常參加他們發起的番茄團購。那番茄頭尾尖尖的，甜度超高，吃起來堪比蜜糖；只是一盒要價不菲，大約一百五到一百八十元都有。

小兒當時還小，番茄一粒又一粒的吃，讓人誤以為他會一直愛吃下去。誰知道天不從人願，上學之後，他也沾染了大人對番茄挑食的習性。

除了兩頭尖尖的小番茄，當年立法院團購還有一種美濃出產的橙蜜番茄可供選擇。橙蜜番茄是金黃色的，體積稍大一點，皮也比較厚。現任新境界文教基金會副董事長的邱義仁在工作低潮、登出政壇的那段時間，搬到內門山區，和前農委會副主委戴振耀一起種番茄，種的就是橙蜜。

邱義仁是相當照顧大家的前輩，因此我冬天都會固定和他買番茄，他種的番茄縱然沒有雲嘉生產的小番茄甜，但展現的誠意甜在人心。

民進黨的蔡英文時代來臨後，官司了結的邱義仁又重新回歸政壇，留在鄉下種田的只剩下戴振耀主委。人稱「耀伯」的他也是政界奇葩，年輕時他參與了五二〇農運，後來決意要競選立委。在國會尚未全面改選的年代，戴振耀參選的是當時還存在的「職業團體」類別中的農民團體立委，由於農會幾乎全部都是由國民黨地方派系掌握，非國民黨人要當選的機率超級低。但戴振耀不信邪，只帶了幾個助理，開著一台發財車就全國走透透，居然也拚到當選。

後來的政活生涯中，戴振耀都在為農民爭取權益而努力。公職退休後，他回到鄉村，也是以種番茄維生。幾年前我到年輕時曾是耀伯助理（跟著他一起開發財車的其中之一）的前老闆旗山家小坐，看到耀伯騎著野狼125，彷彿走入無人之境。他卸下幾箱番茄，笑咪咪地說要請大家吃，然後又風塵僕僕地趕去其他地方送番茄，他那「做事人」的認真的背影，讓人印象深刻。

耀伯過世不久，小番茄的世界又有了變化，美濃附近的果農除了橙蜜，也開始有了可以跟雲嘉地區比拚的玉女小番茄。細問農民種番茄的訣竅，陽光和水是關鍵。小番茄很甜、很好吃，但需要防鳥網、防蟲網來保護，田地也需要拉營養管，每分耕地的成本其實很高，並不容易維護。不過，這幾年農業技術愈發成熟，小番茄售價好，因此農民開始願意以更精緻的作法來耕耘番茄園，讓市場有了各式各樣的番茄可以選擇。

偶爾我在市場買到的小番茄不甜，就拿來燉牛肉。以燉煮來說，無論怎樣不起眼的小番茄都是甜的，只是有一個缺點，就是每顆番茄屁股都要劃十字，數量一多，也挺累人的。

一場烏龍

前陣子為了照腸胃鏡實行低渣飲食，發現烏龍麵是個好物。用海鮮做個高湯加進去，自己吃麵，海鮮其他人吃，也可以豐足的混過一餐，誰說低渣就不能好好吃飯呢？

台灣人說的「烏龍麵」就是日語的「うどん」，標準漢字寫成「饂飩」，是日本人常吃的食物，據說是空海和尚在大唐留學後帶回去的麵食。四國的讚岐是空海的故鄉，因此有「想到烏龍就想到讚岐，想到讚岐就想到烏龍」這樣的諺語。這幾年台日貿易流通頻繁，百貨公司地下街就能買到的讚岐烏龍麵，漸漸得到台灣人的認同，外面的店家賣烏龍，也多會考慮這種比較Q彈的麵體。

烏龍麵有不少變形，名古屋流行的碁子麵（きしめん）麵條是方型的，往西一點的大阪麵條是圓的，有一種說法是大阪人愛吃圓圓的烏龍麵，可能和他們會做生意、求圓融有關，不過此說並無法得到證實。

烏龍麵在日本並不是什麼昂貴食物，二戰後期和終戰之初，為了節省米糧，日本政府一度鼓勵民間多吃烏龍。隨筆家佐藤垢石就寫過一篇〈烏冬麵〉小品，抱怨發育中的孩子一天吃兩碗烏龍，正餐一樣要米糧，家庭支出無法支應，公所根本就不知民間疾苦。左翼小說家宮本百合子也批評政府「把米當副食」的建議，那麼，大家該去哪裡找主食呢？也因此，最後被替代為主食的烏龍麵，一度成為日本人公認最不想吃的食物之一。

因為這段歷史，讓烏龍麵一直和便宜飽足的小食聯想在一起，與後來漸漸高貴起來的對手蕎麥麵相比，烏龍真的是比較庶民。

有一說是關東人多吃蕎麥，關西人流行烏龍。其實東京的蕎麥麵店很多都賣烏龍，據說是給不愛蕎麥的小孩子吃的。台灣的蕎麥麵店很少，不過烏龍麵店倒是不少。不只是我們從小吃到大的台式日本料理有賣炒烏龍、湯烏龍，這幾年也有一些日本連鎖店進駐台灣，點一碗清湯烏龍，一、兩樣炸物，就可以開心飽足地打發一餐。

台灣少蕎麥多烏龍的原因很多人討論過，歸根究柢，我覺得日治時代的台灣畢竟比關西還西邊，喜歡白胖的烏龍勝過黑瘦的蕎麥，應該也是一種關西口味吧。

台北內江街和昆明街附近有間老店「無名日本料理」，那裡的蛋包飯和炒烏龍特別有名。小時候，我們一家人是常客，偶爾長輩買回家，小孩子們一人一口搶著吃。你吃魚板我吃肉，搶來的東西似乎特別好吃，因此全家人都對這家店抱持著美好的回憶。

長大後我曾住在附近，偶而會到那家店外帶，也點過炒烏龍，但烏龍麵粉粉偏軟，和這幾年台灣流行的彈牙讚岐烏龍麵很不一樣，吃了反而覺得不習慣。懷舊這件事會因為吃了更厲害的東西而改變，現在吃起來就覺得沒有小時候好吃。

「無名」前陣子搬了家，不知道為什麼新店採用門牌號碼取名「198日本料理」，雖然口味差不多，還變得乾淨，卻失去了懷舊感，於是就少去光顧了。

提到令人懷念的烏龍麵，就要講到武昌街的「添財」，這裡的烏龍麵與時俱進，用的是比較彈牙的麵條。有一回我身體不適，想要吃點清淡食物，想來想去，就去「添財」點了月見烏龍麵，清淡的口味洗滌了身體的不快。也因此，我總覺得烏龍麵就應該要愈簡單愈好，天婦羅、豬排這些炸物放進湯裡都顯得多餘，那種泡過的軟爛麵衣，尤其影響口感。

如果要講記憶中一碗好吃的烏龍麵，印象最深的是在日本九州的阿蘇車站。那天我和太太是在午飯後的尷尬時間抵達，距離要搭的下一班列車到來還有四、五十分鐘。我們走進車站內唯一一家食堂，我不期不待地點了一碗最普通的月見烏龍麵，沒想到一吃下去卻有一種素雅的暖意，一口接一口，最後連湯都喝到碗底朝天。反而是太太點的是有炸物的烏龍，因為口感不怎麼樣，所以沒留下什麼印象。

此事讓我更加確立烏龍麵就是愈簡單愈好，蛋是最多的點綴，任何其他的東西都是多餘。

烏龍除了台式的炒和日式的湯，還有一種特別的吃法是「咖哩烏龍」，將前一天配飯的咖哩稍做變化，拌入烏龍麵來吃。這道菜偶爾也會在日本吃到，日本的咖哩烏龍麵店很細心，會發一件紙圍兜給客人，就不怕咖哩飛濺得到處都是，更不用擔心沾上了白襯衫。

台灣也有好吃的咖哩烏龍，中山北路二段的「麵匠坐坊」我還滿喜歡的，記得在「想想論壇」網站撰寫的人生中第一個專欄，就是和當時的總編輯賴秀如約在那兒談成的，也算是自己人生風景上的重要踩點。

有一回到連鎖店吃烏龍，一樣是點了最便宜的湯烏龍。走到餐檯時，看到一大碗油炸麵衣屑任人取用，小兒問我那是什麼，我想也不想就說了一句：「揚玉」（あげたま）。

講完之後想起《和新井一二三一起讀日文：你所不知道的日本名詞故事》書中提到，東京講「揚玉」（あげたま），大阪人說「天滓」（てんかす）；東京的麵店菜單裡有「貍烏龍」，就是放上揚玉的清湯麵。大阪的麵店裡面沒有，因為大阪人很大方，「天滓」是放在餐檯自由取用，因此這家店的麵衣屑，應該要叫做「天滓」才對。台灣果然是關西之西。

來碗白菜滷

我從小不知道何故，不敢吃高麗菜和白菜之類白色的蔬菜。每次吃滷肉飯，人家都說白菜滷好吃，我也不敢點；等到同桌的朋友一個人吃光光，我只能在旁邊乾瞪眼。雖然不敢吃白菜，但我發現白菜醃成了泡菜時，原本不喜歡的味道就會被蓋過，因此泡菜對我來說倒是沒什麼問題。

有一年初冬朋友去中國出差，飛機旁坐著一位北方妹子，兩人聊開不久，北方妹子突然問他：「冬天了，你們那兒開始醃白菜了沒？」朋友啞然失笑，醃什麼白菜！台灣哪個季節沒有蔬菜？飲食習慣自有地域之別，中國北方冬天雪覆大地，白菜醃起來過冬才有東西吃。我們在台灣常吃的酸菜白肉鍋，裡面的酸白菜，就是那位北方妹子口中的醃白菜。

談到酸菜白肉鍋，大家都愛講台電勵進餐廳，它是我在立法院服務時，助理前輩請客很愛請的地點，如今回想起來應該是便宜又大碗的緣故。帶著小帽的廚師會在大家酒酣耳熱之時登場，點菜阿姨會狠狠瞪著水還沒滾就急著將肉下鍋的客人，這些都算是台電酸菜白肉鍋之於我的重要記憶。

立法院旁邊還有一家酸菜白肉鍋老店「北平上園樓」，但不知道為何，上面寫是山西餐廳。對我來說，北京菜、山西菜都是北方菜，遷移到台灣後也分不出所以然，只覺得好吃就好。

上園樓的酸菜白肉比台電的精緻一點，某年冬天兄弟得了文學獎，拿獎金請大家在那裡吃了一頓，酒酣耳熱之時，大家講起要改變台灣的雄心壯志，想來也不禁莞爾。許多人都說藝壇和政壇格格不入，但如我輩政壇走跳者，很多年輕時也是被政治耽誤的文藝青年。我很幸運，中年以後可以再次跨界，也算有榮幸能為涇渭分明的藝壇和政壇，搭上一座橋。

無論是泡菜、酸白菜，這些加工過的白菜，我都敢吃，也很喜歡吃。太太認為我會有這種奇怪的偏食，是因為泡菜的醃料掩蓋過了白菜的原味，便一口斷定，如果是吸附了滷汁的白菜滷，我應該是敢吃的。某次在華西街的米其林名店「小王清湯瓜子肉」點了白菜滷，一吃之下果然覺得不錯，後來在隔幾攤的「沛對排骨湯」也嘗試點了白菜滷，味道比較清爽，滋味不錯，因此解鎖了白菜滷。

我是家裡的主廚，在家掌廚的人都知道，自己不吃什麼，家裡的餐桌就少了什麼。本來不會出現在我家餐桌上的白菜，現在也會在盛產的冬天出現。這幾年新冠疫情肆虐，家人都有被隔離的經驗，那時我天天在家煮飯，有什麼就做什麼。母親送來半顆白菜，當時被隔離的太太許願想吃白菜滷，我查了一下食譜，發現作法很簡單，就決定試試看。

白菜滷的作法是將白菜一片一片剝開洗淨，切成小塊靜置一旁，點火後再放一點大蒜、金鉤蝦、泡過水的香菇和肉絲。如果有現成的散魚翅、干貝、魚皮也不錯。總之，放什麼料就有什麼味道。加一點米酒和醬油、砂糖炒一炒，然後將白菜放入，白菜會吸收湯汁及變軟。我個人會翻攪得久一點，放一點烏醋，蓋上鍋蓋轉小火燜煮一下，即可上桌。醬油盡量選用白醬油，顏色會比較美觀。

白菜滷這道家常菜，每個家庭無疑各有作法。豪華版的就是干貝魚皮魚翅，簡單一點的，加香菇、蝦米、紅蘿蔔也沒問題。簡而言之，吃白菜滷，吃的其實是一種記憶的味道。你還記得母親做的白菜滷是什麼滋味？巷口小攤的白菜滷是什麼味道？吃下去彷彿時光倒流，回到童年一般，頗為療癒。

白菜滷有很多變化，菜尾湯是其中一種。辦桌請客結束後，將剩菜作成一鍋菜尾湯，澆淋在白飯上，是很多南部人的回憶。十多年前，我在高雄幫忙助選，競選總部有一位煮飯阿姨負責員工餐，總部裡人來人往，每個人吃飯的時間都不同。阿姨常常是煮一碗大羹湯作為午餐，裡面主要是肉羹、丸子、白菜，淋在白飯上當肉羹飯吃。

很多年後，我到旗山探望當年的前老闆，車子到旗山時肚子已唱空城計，隨便找了一家小店覓食，攤上寫著大大的「菜尾湯」，裡面有丸子、肉羹、白菜，我點了一碗，也算重溫了自己剛出社會時單純又青澀的時光。

雖然現在的菜尾湯大多數都不是菜尾做成，但仍然給人一種平民小吃的感受。同樣地，白菜滷到了名店「山海樓」，又有不一樣的風景。山海樓的「扁魚白菜滷」非常好吃，和華西街幾家名店比，味道稍淡，口味卻複雜許多。盛裝在小碗中別有一番精緻感，消去了油膩，在同桌餐敘的大魚大肉中顯得搶眼，彷彿置身萬綠叢中一點紅的藝術品，只是價格當然也翻漲了數十倍。

談到跟白菜有關的藝術品，最有知名度的當然是故宮高人氣的「翠玉白菜」。我從小不喜吃白菜，自然對翠玉白菜興趣缺缺。這是宮廷的工匠作品，製作得唯妙唯肖，但是當時的藝術性想必不高。唯妙唯肖一向是藝術品的大眾口味，因此多年以來成為館內歷久不衰的名品，去故宮參觀的人甚至會彼此詢問：「看過那顆白菜嗎？」

這幾年來餐飲業的花樣日多日巧，許多講究一點的博物館餐廳，都會選用與館藏相關的品項入菜。前陣子我到東京的「山種美術館」參觀，逛累了想在咖啡店小憩，發現小兒點到的和菓子居然是山元春舉的「火口之水」造型，仔細一查，發現館藏和菓子正是山種美術館咖啡廳的特色，頗為驚豔。

故宮身為國際大館，故宮晶華餐廳自然也不會錯過商機，因此「翠玉白菜」

就成為館內最受歡迎的前菜之一。不過，作法是像金華火腿般稍微複雜的江浙菜系，而不是台菜。

民國畫家齊白石也畫白菜，我上網一查，發現對岸的內容農場有跟齊白石賣蝦一模一樣的故事。故事中，齊白石要用畫白菜來買白菜，小販當然不換，以此來諷刺菜市場白丁不識貨。我認為這故事太不合理，冬天一顆白菜才多少錢，何須大畫家以物易物？這也顯見對岸包山包海的內容農場問題多多，不能輕信，算是一種反「訊息戰」的機會教育了。

豆腐有真情

豆腐是餐桌上很常見的菜餚，便宜且百搭，無論煎煮、炒、炸、涼拌、煮湯都適合。台灣常見的豆腐大概就是菜市場常見的板豆腐和超市賣的嫩豆腐兩大類，板豆腐比較有口感，嫩豆腐則有點像滑嫩的布丁豆花。

有一回去北海道旅行，飯店的早餐提供豆腐，想說來品嘗一下號稱老店的豆腐有什麼不同。它的口感綿密細緻，讓人想起台大附近的龍潭豆花，但沒有龍潭那特有、有人喜歡有人討厭的豆焦味。原來豆腐也可以有如此風味，心裡十分驚嘆。

SOGO台北復興館超市裡有個豆腐攤，前陣子我意外發現他們家的豆腐超好吃，綿柔感堪比當年在北海道吃到的豆腐，也因此常常光顧。有次出席一場重要的視訊會議，自忖開會的人多，只要不講話，人頭應該不會被顯示在首頁，便放心地邊吃豆腐邊開會。結果那天主持人的電腦剛好故障，不知為何，視訊螢幕上只有我一人，大家都在看我吃豆腐。主持人最後終於受不了了，問我豆腐是哪買的，為什麼看起來這麼好吃？

豆腐味道百變，可以加點醬油清爽單獨吃，也能夠變成重口味料理。麻婆豆腐是年輕時摸索廚藝就嘗試過想做的菜，我用了市場的嫩豆腐加上熟悉的味全辣肉醬，下鍋炒一炒就出了菜。那是什麼味道，我已經忘了，應該就是即食麻婆豆腐料理包的味道，當時還自以為做得很成功。

有人問過我，廚藝的進步該如何判斷？其實看看十年前的自己，做的菜長什麼樣子，就知道有沒有進步。

有陣子外食常吃川菜，點了很下飯的麻婆豆腐，吃了幾回，也吃出一點心得。台北車站的小魏、西門町的黔園，都有我很喜歡的麻婆豆腐料理；一回吃，二回做，回家後也想自己嘗試看看。作法是先下蔥薑蒜，然後是一點花椒粒用熱油爆炒，聞到花椒的香氣後下絞肉，用鍋鏟將絞肉劃開，然後下適量豆瓣醬和米酒。豆瓣醬是麻婆豆腐的靈魂，好吃的豆瓣醬怎麼炒都好吃，如果豆瓣醬死鹹，當然也別想做出什麼好菜。

接下來是豆腐，將豆腐切成適量大小，我通常是長邊對半再對半各一刀，短邊約七八刀，然後從豆腐的橫切面再剖一刀後放入鍋裡，翻炒幾次，和絞肉充分拌勻即可起鍋。若需要裝飾，再撒點蔥花就很美麗。選用的豆腐通常是菜市場一塊十元的板豆腐，偶而會在超市買。如果喜歡嫩豆腐的滑細感拿來入菜也沒問題，但大致上鍋鏟翻翻就能切碎，只是擺起盤來沒有板豆腐成形得那麼漂亮。

豆腐易出水也易壞，因此新鮮豆腐買回家務必先泡入鹽水，請在一天之內就吃掉，超市包裝好的則頂多放個三、四天。總之，豆腐很嬌嫩，盡早吃掉為宜。因為豆腐傲嬌，最好當日食用，在最愛吃豆腐的日本，民宅町的豆腐店算是基本配備，現場購買就可以馬上煮食。

喜歡漫畫的人應該對豆腐並不陌生，東京練馬區的大雄、靜岡清水的小丸子和埼玉春日部的蠟筆小新，都經常上街幫媽媽買豆腐。喜愛吃豆腐的作家川本三郎在《少了你的餐桌》中多次提到豆腐，他小時候也有買豆腐的經驗，不管多早出門，都買得到豆腐回家，讓媽媽煮碗味噌湯。不過，在〈清晨的豆腐店〉這篇文章中，川本三郎想說的其實是一位因為戰爭而孤苦無依，可能患有思覺失調症的鄰人，會在豆腐店拿豆渣吃。基於鄰里間的情誼和信任，豆腐店家並不會趕走這位鄰人，也讓街坊的豆腐店有了社區互相關懷的意義。

川本三郎很愛吃豆腐，本書中也提到他喜歡烤油豆腐下酒，喝熱清酒時也可以配點豆腐，還有亡妻會將快過期的豆腐加蛋和豌豆做成炒豆腐，可以說對豆腐充滿了濃濃的愛與回憶。尤其提到他想烤油豆腐下酒，太太馬上說來做做看那一幕，想必寫作時是含著淚水完成的。

我也很愛吃油豆腐，不過台灣不時興用烤的，多半是用熱燙。立法院旁邊有家意麵店的燙油豆腐味道很好，沾一點辣渣搭配油膏，尤其美味。那意麵店是二十幾歲剛出社會時常去的店，老闆娘為人親切但嗓門大，店裡一忙，經常會忘記你點了什麼菜，補上之後還會拍拍你的肩膀，說聲「拍謝」。前陣子我久違地前往，她竟然認得出我來，照例也是一陣寒暄，關心起我的體重和工作近況。想想，這十多年來經歷總統換屆、政黨輪替，人員來來去去，只有意麵店油豆腐的味道不變，雖然漲了十元。

時代小說名家池波正太郎也是豆腐的愛好者，在食記《散步時總想吃點什麼》中，豆腐散落各篇。他的小說主人翁們也經常被安排好吃豆腐，因此有種

「池波正太郎風」的湯豆腐。只是池波的時代小說多以江戶時代為主題，真正以湯豆腐聞名的，莫過於京都了。

湯豆腐沒什麼調味，曾經聽聞過旅行團在南禪寺的名店順正用餐，出來後人人嫌棄無味，可以說是台日飲食習慣差異的文化衝擊。我也曾在京都品嘗過湯豆腐的滋味，並非什麼名店，就是普通日式旅館的早餐而已。以釜盛裝的高湯與豆腐，上面點綴著一點蔥絲，用筷子夾出，沾一點醬油食用，醬油會帶出食物的原味和甘味。女將上菜時慎重其事，釜碗筷匙無不講究，這道菜於我來說，吃的不是味覺，更是視覺饗宴。

提到豆腐的視覺，就讓我聯想到前輩畫家何德來。何德來的太太是日本人，就像許多對戰後台灣威權體制失望的台灣菁英一樣，他中壯年之後的生活大多在日本度過。何德來是一位「愛妻家」，夫婦之間感情很好，晚年太太生病，都是他一個人照顧。在妻子生病的後期，他畫下了一幅靜物畫，畫面上只有簡單的瓷碗、豆腐、砧板、菜刀和刷子，共五件物品。

跟我妻
是最後的晚餐了
這張畫的豆腐
思念不盡

這是何德來在詩集《私の道》當中為這幅〈豆腐〉撰寫的詩句。不需要任何多餘的解釋，所有讀到這首詩的人，都能夠感受畫家將所有對妻子的愛意與思念，傾注於這塊豆腐當中，豆腐有真情，觀者亦所感。

外來的餃子

小時候，有一陣子聚會時流行包水餃，老師也會邀請學生們到家中包水餃。小朋友一邊聊天一邊包，有些人包成小籠包，有些人的則是扁扁餃；總之，結果下鍋就分曉。技術不好的會散掉，技術好的成品自然圓滾滾、好好吃！吃下自己包的餃子，一邊評論別人包的餃子，是個有趣的回憶。

前段時間，小兒的幼兒園老師說要包水餃，我心中想著那幅口水鼻涕橫流的場景應該挺可怕的。還好，老師交代大家要勤洗手，所以吃完回來也沒拉肚子，倒是體驗包餃子樂趣的小孩，回到家裡嚷著要包水餃。

水餃其實不是台灣本地的食物，既是麵食，自然是從中國北方傳入。小時候讀過的漢聲《中國童話》當中，就有一段耳熟能詳的「水餃和元寶」故事。下雪的大年夜來了一位乞丐，有個平日樂善好施的老爺看到天氣冷，請乞丐進來一起吃年夜飯。北方人的年夜飯吃的是水餃，但這家人並不富裕，媳婦有點擔心多了一位客人，水餃準備得不夠。

老乞丐觀察到媳婦的為難，和她說儘管放心煮，千萬不要計算鍋裡有多少顆水餃。媳婦照著做了，說也奇怪，鍋中的水餃源源不絕地浮上來，一家人吃到飽。第二天一早，乞丐不見了，鍋裡吃剩的水餃變成元寶，沉甸甸地留在鍋底，而門外有著狐狸的足跡。積善一家才知道昨天的老乞丐是狐狸來報恩，給他們一家平日行善的獎賞。

這個故事有水餃、元寶和狐狸的元素，無疑是來自中國北方的童話故事。餃子既然是年節食物，顯見平常也不是很有機會吃到。北京和西安各有以「餃子宴」聞名的餐廳，將各種餡料、作法的餃子輪番推出，相當澎湃，也闖出不小的名號，像是北京的「餡老滿」分店就開到台灣來。

在海島生活的我們，過年沒有吃水餃的習慣。但我聽過有些來自北方的外省人家族，年夜飯還是會準備，畢竟水餃即是元寶，吃下它，祈願明年也是元寶滿腹，財源滾滾。不過，隨著中華民國政府在台灣的時間已經比在大陸還久，水餃這樣的食物，自然也已經融入不少台灣在地文化。

因為這樣的因緣際會，好吃的餃子館大多數是外省人開的，往往和外省人在台灣發明的牛肉麵一同販售。南機場夜市集中了一些水餃館，算是台北的餃子樂園。西門町很有名的「一條龍」賣水餃、蒸餃，既然名為一條龍，牆上那條金龍自是鎮店之寶，這家店從中華商場開到西門町，我也算從小吃到大。不過，「一條龍」近期做的都是日本觀光客的生意，那些手腳俐落的服務生阿姨會用一口台腔日文替看著菜單猶豫不決的日本客人點菜。

「一條龍」最出名的莫過於牛肉蒸餃，你若開口點「牛肉水餃」，阿姨會直接告訴你，蒸餃比較好吃。蒸餃是水餃的蒸籠版，吃起來比較油膩，肉汁飽滿，和水餃的清爽味道不太相同。我最喜歡的是花素蒸餃，師傅將豆干、雪裡紅切成細絲，包在餃子皮裡面蒸，沾點醬油吃別有一番滋味。

台大法學院附近也是水餃兵家必爭之地，最有名的當然是濟南路的「巧之味」，他們的水餃已經升級，除了傳統高麗菜豬肉餡，還有許多不同口味。最有意思的就是干貝菠菜餃，皮是綠色的，裡面除了基本的菜肉，還包了一顆小干貝，算是水餃來到台灣之後的新研發產品。

「巧之味」午晚餐幾乎是天天客滿，也有賣冷凍水餃可以自己回家煮。新冠疫情來襲時，外帶「巧之味」的客人排隊排到杭州南路口，很是驚人。

「龍門客棧」也是餃子名店，由於店開得久，幾乎所有在台大法學院念過書的學生都吃過。現在龍門的二代當家，據說也是台大政治系畢業的。我吃過好幾次導生宴在龍門，雖然不是辦桌吃大餐，但在裡面喝酒配滷味，談政治、說理想，在熱愛書法的第一代老闆姜志民提筆的「倫理道德」橫幅下大放厥詞，也讓已過中年的老師們回想起青春少年的自己，有股懷舊感油然而生。

龍門的餃子其實味道普通，有名的是滷味。阿姨動手切菜速度疾如風，才講完要點的菜，她已經切好一盤滷味，等著結帳。當你想吃的東西太多、猶豫不決時，阿姨切菜的速度才會出現空檔。不過，龍門的滷菜很貴，學生時期看到帳單時常嚇了一跳，自己怎麼點了這麼貴的滷味？

還有一家隱藏在立法院小吃部的水餃店，也是頗具人氣。韭菜水餃一顆只要三元，價格便宜又十分好吃，很多立委和助理都超愛。以前在立法院上班，中午不知道要吃什麼的時候，我經常會去小吃部買水餃，再加上一碗蛋花湯，就是美味的一餐。

水餃如果第二次下鍋，就會變難吃。那麼，吃不完的水餃該如何解決？答案是煎鍋貼。小時候家裡若有吃不完的水餃，母親第二天早餐會拿來煎鍋貼，在鍋中下一點油，放入鍋貼加水。

如果想做日式餃子，以鍋子中心為圓心，擺放成花的形狀，加一點麵粉水，就變成美麗的「冰花餃子」，酥酥脆脆不分離，也很美味。要特別提醒大家的是，若從冷凍庫拿出來，千萬不要退冰，以免餃子化掉後軟爛不能成形。

在日文中，「餃子」講的是煎餃，通常會跟拉麵一起組成套餐。最有名的當然就是台灣也有分店、來自京都的「餃子の王將」。京都人喜歡味道淡雅的食物，但很多人都不知道，大學雲集的京都其實也是拉麵之都，「餃子の王將」就是其中的佼佼者。飢腸轆轆的晚上，看見店家的綠色招牌，走進去吃一碗麵、一份餃子，有錢的話再來一杯啤酒，就是最能滿足大學生腹肚的套餐組合了。當然，這組合也滿適合沒錢的旅人。

「餃子の王將」最為人所津津樂道的，除了價格便宜之外，戰後初期還提供過以打工換食的服務，沒錢的大學生在店裡洗碗三十分鐘，就可以用勞務換取食物。哲學家鷲田清一在《京都の平熱》中回憶大學時代，出町一帶的食堂經常有同學如此生活。那種腳踏實地、靠自己努力得到回報的時代氛圍，也是戰後物資不充裕的年代，令人感恩又懷念的風景。

「餃子の王將」有個競爭對手叫做「大阪王將」，店如其名，是以大阪為中心，在日本各地都有不少分店。這兩家餃子店是兄弟分家，但是系出同門，料理、價格和店內氣氛都很接近，招牌分別以綠色和紅色為主軸，非常搶眼。

談到日本的餃子，最有名氣的莫過於關東地區的宇都宮。在漫畫改編的電視劇《居酒屋新幹線》中，宇都宮的餃子街連路燈、人孔蓋都滿布餃子，可愛地讓人想立刻飛去，來趟美味的餃子巡禮。

日本的餃子應該是從中國傳入，而大量流行則是戰後的事；好吃、便宜又能飽足的餃子，餵飽了當時飢寒交迫的人們的胃。中國的餃子多半是水煮；日本的餃子則是融合了當地食用米、麵為主食的飲食習慣，以生餃子直接油煎為主流。中國類似的食物除了鍋貼外，最相似的就是同為薄皮包肉餡、兩邊開口有點類似巨大鍋貼的「褡褳火燒」。

中華商場拆除後搬遷到昆明街，專賣北方麵食的「中華餡餅粥」，它的褡褳火燒就非常好吃。老闆每天隔著透明玻璃擀麵皮，再把肉餡塞入麵皮中，依照食客需求做成不開口的餡餅或兩邊開口的褡褳火燒，用油煎完之後送上餐桌。老闆平日不苟言笑，但若兒子來幫忙的時候卻是滿臉笑容，也是一番有趣的風景。

一碗小羊肉

天氣漸有涼意，各種冬令進補的食材廣告也充滿臉書河道。我自己最喜歡的冬令食物是羊肉，無論麻油燉肉、清涮片肉、大火爆炒，還是西式的火烤，羊肉都是我的心頭好。

羊肉有種羶味，喜歡的人會說這才是羊肉味，不喜歡的人則聞之卻步。我母親是不愛羊肉的主婦，因此小時候家中很少吃羊，印象中第一次大啖羊肉，是大學時代在中國的西安參訪。羊肉串一份五元，五個大學生決定一人來一份，結果上菜時大吃一驚，一份烤羊肉是二十串，我們點了一百串羊肉，飽到天靈蓋。

另一次吃羊肉的經驗是在北京必吃名店東來順。店家教我們涮肉時要「七上八下」，起來沾點醬吃即可。餐廳很自豪於自家羊肉新鮮無腥味，確實是非常好吃，令人印象深刻。

吃羊肉倒不是中國北方遊牧民族的專利，台灣人對羊肉的料理也很精熟。最有名氣的當然就是傳統的紅燒羊肉爐。寒冷的冬天最滋補者莫過於羊肉爐，陶甕裝著滿滿高麗菜、金針菇和帶骨帶皮的羊肉一登場，再依照個人喜好添加食材，正是台灣人最喜愛的火鍋大雜燴組合，開車在全國各地省道上常能見到它的蹤影。除了火鍋之外，這些羊肉店通常也提供各種羊肉快炒、涮肉或者紅燒料理，就算一個人也能享用。

高雄的岡山羊肉很出名，往北一直到台南，也有很多羊肉攤。我最喜歡的是台南東門圓環附近的「東圓城羊肉」，那裡的羊雜湯永遠特價中，在路邊坐下，來碗湯再加個炒麵，是人生隨興的幸福。台南車站附近的「老曾羊肉」也是我的愛店，如果去火車站附近出差，不管怎樣，都要不辭辛勞走過去喝他一碗赤肉湯。

台南西門圓環附近，還有家名店「包成羊肉」。有一年全國做風颱，台南是全國唯一沒放颱風假的城市。當時還是市長的賴清德整夜沒睡，一早去吃了一碗療癒人心的羊肉湯被路人拍下，從此有了「賴神」之名，也讓包成有了全國知名度，可以跟附近只要一漲價就備受矚目的「阿堂鹹粥」分庭抗禮。

台北的羊肉名店也不少，最好吃的莫過於民權西路站附近的「下港吔」，從捷運站巷子走去，百公尺之外就聞到店裡的羊羶味。據說店老闆是因為早年在台北打拚，覺得台北沒有好吃的下港羊肉才決定要自己開一家羊肉鋪。

「下港吔」一開始位在桂林路，住在附近的我常在路上看到拚命用吸管吸著大骨湯汁的阿北，印象深刻。後來店家搬到捷運民權西路站附近，我經常搭捷運去光顧，羊肉炒麵和赤肉湯是完美搭配，冬天吃完常會覺得人生圓滿了。

另一家名店是連鎖的「莫宰羊」，老店是在台視附近的北寧路，那附近有幾家民調公司，記得以前當政治幕僚，選舉時去監看民調，如果早到會繞去店裡，來個炒麵加赤肉湯的圓滿組合。

我最常去的「莫宰羊」應該是新生南路附近那家分店，那是讀台大國發研究所時老師們都很愛請客的店。當時還是中共人事接班剛剛建立制度，讓所有研究者都認為似乎有規則可循的年代；一桌老少學生一邊涮羊肉，一邊「臆測」中共最新人事動態，打賭誰猜到最少，下次要請客。小學弟妹們沾了學長姊的光，經常有人輪流請客的「莫宰羊」可吃。只是隨著中共威權擴張，制度隳壞，想要有規則的研判人事制度，大概已成明日黃花。

從前台九線在進入烏來之前，有家叫做「一碗小羊肉」的小店，暗夜之中獨自亮著一盞燈，也是很有故事。這家店是我當兵時部隊指揮官的心頭好，據說他經常去光顧，不但自己吃，還大方地跟弟兄們分享，因此派了兩位連上的炊事弟兄跟店家學習。有次我退伍後途經那裡，想著到底是有多好吃？便停下車來一試。

麵線與一小鍋羊肉湯的組合，無論是清燉還是紅燒，在寒冷的冬天品嘗，確實頗為療癒。後來聽說附近開了許多類似的小店，本店卻收了，我也就沒再去過了。

除了紅燒外，這幾年羊肉爐有另一種蔬菜吃法，將羊肉和菜心、蘿蔔之類的根莖類蔬菜一起煮，湯頭比紅燒清甜許多，再加上新鮮涮羊肉，可是人間美味。台北最有名的就是吉林路的「林家蔬菜羊肉」。

我首次前往是在立法院工作的時候，委員們為了和記者建立私下情誼，經常揪大家吃飯。我知道如果選在「林家蔬菜羊肉」請客，記者們出席率一定很高，臨時揪的委員同伴也多半比較有意願前來。後來我自己請客時去過幾次，從八百元一鍋吃到一千元一鍋，最後吃到不太愛吃羊肉的家人們也覺得這家特別好吃。

不過，一樣的料理，到了中壢價格只需要一半。位在超偏僻的拖吊場附近，有幾家高舉「台灣羊」招牌的鐵皮餐廳，其中最有名氣的就是「江家羊肉」。這家店提供的料理和「林家蔬菜羊肉」類似，也是以根莖蔬菜燉羊肉的湯頭聞名。

除了蔬菜羊肉之外，江家的白斬三層肉也很有特色，肉嫩皮Q，只需一點蒜蓉或豆瓣醬調味即美味無比，無論喜不喜歡羊肉的人，都能一吃成主顧。蔡英文執政第二年，我們被年金改革和一連串難題整得七葷八素，那年一早元旦總統講話後，我趕著在十點多逃離了總統府，隨即驅車前往中壢，以一頓療癒的午餐總結為了走三步退兩步的改革而總是搞得灰頭土臉的一年。

自己下廚，若要烹調羊肉，倒是沒那麼有把握；此時，麻油就是萬用料理。麻油羊肉的作法和麻油雞其實差不多，用麻油把薑片煸焦香，將汆燙去腥過帶骨的羊肉放入爆炒，然後加入米酒轉小火燉煮約一小時即可上桌。

偶有西式煮法，就是把羊梅花肉或者五花肉切成厚片醃漬。醃料看個人喜好，西式醃法是大蒜、糖鹽、香料和葡萄酒，日式醃法是清酒、味醂、烤肉醬或醬油，中式醃法則是薑、蒜、醬油、米酒，青菜蘿蔔大家各有所好。醃約數小時到一晚後，加點油和洋蔥爆炒，或是單羊肉下鍋香煎，大約七分熟即撈起。如果擔心火候掌握不到位，可用烤箱補火，或者直接使用氣炸鍋。

冷凍羊肉當然是沒有新鮮土羊肉好吃，不過羊肉很貴，處理起來也不見得那麼有把握。真的想吃的時候，到店裡去吃就好，省得萬一沒處裡好，家裡全是羊羶味，或是因為糟蹋了昂貴的食材而感到扼腕，失去了原本紓壓解憂的烹調樂趣。

五湖四海的鴨肉

有陣子 Costco 賣很多鴨肉，有炒片也有鴨胸，我腦波弱就各買了一組。因此當 COVID-19 疫情升高，眾人只得被隔離在家之初，就有朋友看了臉書問我：「你的餐桌怎麼天天都有鴨肉？」

鴨肉的作法其實很簡單，先講炒片。基本上就是找個食材摻進去一起炒炒，加點醬油、米酒即可。小黃瓜、櫛瓜等夏瓜都很適合，如果有三星蔥，更是一絕。炒片多半很薄，因此需要的時間也不會太長，大約兩、三分鐘內即可起鍋。後來我用一樣的作法挑戰鴨肉炒麵，但其實就是最後階段加入油麵而已，料理本身並不困難，注意食材別炒焦就好。

炒油麵是憑學生時代的記憶學來的，在台中東海大學念書時，東海別墅有間「新港鴨肉」，我常去那裡吃飯，記得兩位女老闆的問候，男的都叫帥哥，女的都叫美女。老闆身手俐落，炒到一個階段，從旁邊的大湯鍋舀一大匙高湯放進炒麵的中華大炒鍋中，再翻攪幾下即起鍋；炒飯亦同，湯汁不會收到全乾，炒飯麵都偏濕，嚐起來香氣十足，加一點小辣更是好吃。

至於鴨胸部分，我通常都是做成西餐。作法簡單，平底鍋不加油，先把有皮的那面朝下開小火煎，一邊撒上鹽巴等調味料。鴨胸甚油，一下就積滿一鍋油；接下來翻面用鍋裡的油續煎肉的那面，再加一點鹽巴及調味料，待鴨胸表皮各面都呈金黃色，放入氣炸鍋之中，大約一百八十度的烹調八到十分鐘，中間記得翻面。

鴨胸的油可以再利用，當場要用的可以在氣炸鍋下層鋪上櫛瓜、青花菜、馬鈴薯之類的野菜一起炸；也可以濾過之後收集起來，下次拿來炒青菜。如果沒有氣炸鍋的人，用旋風烤箱也行，也是大約一百八十度二十分鐘上下。無論是烤還是氣炸，取出後在砧板上放個五、六分鐘，最後再拿肉刀切塊，和那些炸得香噴噴的瓜與根莖類蔬菜一起擺盤，即可上桌。

當然，香煎鴨胸之所以要煎過再烤，是因為自己廚藝不精。我覺得烤箱和氣炸鍋對於輔助受熱均勻是超級幫手，有時候厚切的牛排我也會這樣做，可以做出餐廳五分熟的感覺。

但也不是每道鴨肉料理都能自己做，我對烤鴨就很苦手。小時候家裡附近有間廣式烤鴨店，那是我對烤鴨的最初記憶，如果媽媽說今天吃烤鴨，那就是買來的鴨肉，加上炒青菜、煎蛋的組合。那家烤鴨店的經典是滷汁，吃起來清爽不黏稠，和蛋黃戳破一起吃，真的是人間美味。只是後來聽說老闆身體不好，先是搬了家，後來乾脆就把店收了，令人惋惜。

後來聽說「鳳城」烤鴨好吃，無論是台大店還是西門町店，我也算是忠實顧客，雖然環境有點「前現代」，但口味確實不錯。鳳城老闆拿把廣式大刀啪啪啪一路往下切都不會剁到手的功力，令人相當佩服，簡直可當作是技藝的表演。

跟小時候那家老店相比，鳳城的醬汁比較濃稠，和記憶中清爽的烤鴨醬汁不同，也算是各有千秋。鳳城烤鴨通常是當場最好吃，一放進冰箱味道就開始變質，就算再烤過一次也於事無補。

我很少在燒臘店直接買便當，因為心目中對廣式燒臘店有一印象，就是配菜通常都很難吃。後來有機會去香港出差，發現香港的燒臘店根本連配菜都沒有，頂多給兩片油菜葉。想來應該是原始產地就是如此，為了適應台式便當文化的需求，只好提供一些單調難吃的配菜。

烤鴨的另一門宗派，當然就是北京烤鴨。我年輕時口福好，吃過北京全聚德、便宜坊這幾家名店，但當時嘴巴不刁，路邊的北平烤鴨車我都覺得很好吃，發現鴨架和鴨骨不是拿來炒九層塔，而是熬湯煲粥，覺得很特別。

烤鴨我雖然不會做，但鴨架熬湯倒是難不倒我，有骨頭的鴨肉都可以拿來熬湯。所以舉凡吃不完的烤鴨、鹹水鴨，把鴨肉稍微清洗一下，加一點薑絲和洗過的酸菜一起熬煮，大約一小時就有一鍋香噴噴的酸菜鴨湯可品嘗，夏天十分開胃。

台北來自五湖四海的人很多，北京烤鴨當然也是各路外省餐廳的拿手菜。有趣的是，台北真正的北平菜不多，大多數都是如國民黨遷台之後的眷村菜，充滿各種外省風格，連粵系、江浙系餐廳做烤鴨，吃法都是學著北平用麵餅捲著吃；烹調的口味則是摻入自身菜系和台灣本土特色，融合出在地風情。

烤鴨的中等價位者，像是林森南路的「北平上園樓」（強調是山西餐廳）、南京東路的「陶然亭」，裝潢雖然不怎麼樣，但是菜實在好吃。尤其「陶然亭」的大廳不隔間，師傅時不時推著鴨子出來表演片鴨，這桌片完換那桌，參雜著聊天哈拉聲，整間餐廳顯得熱鬧非凡。

也有高價一點的烤鴨，像是連續多年獲得米其林殊榮的「大三元」，雖是粵式餐廳，北京烤鴨卻賣得嚇嚇叫。比起「陶然亭」的熱鬧強強滾，「大三元」的吃法比較優雅，師傅出烤鴨時會搖鈴，鐺鐺鐺鐺如風鈴，全餐廳就知道哪桌的烤鴨好了，在一旁看著羨慕，忍不住興起想點的念頭，也算是店家飢餓行銷。

我自己比較喜歡的是「點水樓」，雖然是江浙菜系，但是也賣烤鴨。懷寧街的點水樓在疫情前多做日本客人的生意，日本散客多，因此「點水樓」也提供四分之一的小分量烤鴨。偶而運氣好，點烤鴨的人湊不到四的倍數，不須預約就能吃到。四分之一大概是每人三卷鴨肉，剩下的鴨架可以煲一大鍋粥，我食量小，那鍋粥通常只能打包帶走。

除了烤鴨，外省菜系中還有一種「南京板鴨」，最有名的自然是東門市場那家「正記板鴨店」。印象中，西門町早年也有南京板鴨，後來收攤了，我搬到西門町後就沒有口福吃到。倒是中山市場有家「雙園燒臘」，從小我就經常搭車經過，現在偶而會去買，烤鴨、板鴨皆有之；板鴨其實就是鹹水鴨，顏色偏黑不討喜，但真的好吃。

當然，鴨肉也不是只有外省人吃，福佬人、客家人也都愛。新竹湖口的紅糟鴨、桃園楊梅市場經常看見的鹹水鴨，都是常見的客家菜。酸菜鴨湯也是客家菜裡面常見的料理。

新竹的鴨肉飯遠近馳名，但究竟是客家料理還是福佬料理，我並不清楚。私心喜歡的店是城隍廟前中山路的「廟口鴨香飯」，點菜時務必加顆荷包蛋；再來就是中正路的「鴨肉許」，牆壁上掛著「日理萬鴨」，令人莞爾。但我覺得鴨肉許好吃的並非鴨肉，而是各式滷味，加上醃製小黃瓜解膩，搭配鴨香飯和貢丸湯就是很道地的一餐。

冬天很受歡迎的補湯薑母鴨，也是台灣人很愛的食補大餐。不知為何，薑母鴨一定要在比平常稍微矮小的桌椅上吃，通常是用一個陶甕盛裝，裡面放了和老薑一起炒過的鴨肉、補湯，再任意加入各種火鍋料，點上木炭或卡式爐瓦斯，煮得愈久，味道愈辣，卻也愈帶勁。吃完之後全身暖呼呼，就算在寒流中騎車也不會覺得冷。

福佬人會把鴨肉做成羹湯，年輕時我在嘉義助選，有時大老遠地開車到新港，就為了在奉天宮前吃一小碗鴨肉羹解饞。嘉義市區和民雄交界的文化路上，有處「江厝店鴨肉羹」，我也經常光顧，總覺得用小小一碗肉羹填滿肚子，所有的不耐跟委屈都可以一併吞下肚。回台北工作之後，偶爾想念這一味，我會信步走到三重的「龍門鴨肉羹」門前，奈何台北人多，店裡無時無刻都有人在排隊，台北人果然沒有那麼容易能把委屈吞下肚啊！

精力料理炒豬肝

小時候豬肝是補品，基於「凡補品必不好吃」的兒童飲食常規，乾巴巴的豬肝無論是煎煮炒炸，我都覺得不好吃，甚至還牽拖到雞肝，故凡肝必不好吃。

隨著時代變化，像我這樣不愛豬肝的小孩長大了，豬肝現在是便宜食材，豬肉攤上總掛著一塊，切個五十塊就多得不得了！回家得煮個兩三次才能吃完。

豬肝最簡單的作法是煮湯，先把豬肝切片，用鹽和酒醃一醃，加一點麵粉後抓勻，接下來利用滾水時靜置豬肝，水滾後將豬肝倒入，煮三十秒左右撈出。

接下來再另起一鍋熱水，加入薑絲、蔥花、米酒和鹽，水滾後確定米酒已揮發掉，再把剛剛滾過的豬肝放入，等水滾即可關火，放一點九層塔就可以吃了。

寧夏夜市有家「豬肝榮」很有名，二〇一四年的台北市長選舉，國民黨候選人連勝文為了表現親民的作風，特別跑去「豬肝榮」充當了幾小時的廚師。這個 Working Stay 的宣傳是模仿二〇〇八年馬英九的 Long Stay 而來，也是有段時間政治人物選舉時很愛的文宣操作。不過，當時連勝文選情不樂觀，人氣亦不佳，人設是貴公子，紆尊降貴賣豬肝湯，感覺只是來當個臨時演員，算是一個失敗的宣傳。

連公子賣豬肝湯失敗的第二天，我剛好從新竹北返，搭國光號到民生西路口，肚子很餓，決定來碗豬肝湯。我心想，連公子的團隊宣傳選舉雖然失敗，但宣傳豬肝湯可謂相當成功。

比起湯，我個人喜歡的豬肝作法是油煎。方法不難，豬肝切片後清洗乾淨放血，加一點香油、醬油、米酒、胡椒和太白粉抓醃，靜置一下後以熱油和蔥蒜下鍋，大約十秒鐘翻面，再等十秒鐘左右即可起鍋。血若沒放乾淨，豬肝會偏硬，煎太久的話會柴掉，所以這道菜靠的只有一招，就是快。

好吃的香煎豬肝不少，最近出食譜書十分轟動的《鏡週刊》社長裴偉也有另一種作法，說是「明福台菜」的老闆娘教的。他去血水的方法是豬肝放在塑膠袋中就加三匙鹽，用力捏揉使其血水、黏液盡出，洗乾淨後瀝乾過油；之後再起一鍋，用油蔥酥、蔥、薑、蒜炒一炒即可上桌。我覺得這個作法要起兩鍋油麻煩，通常就一鍋煮到底了。

我很喜歡的香煎豬肝位在林森北路的中條和六條交叉口，那是一家快炒店，東西很好吃。因應條通的生活，從中午開到半夜，晚上常有知味的日本饕客約了卡拉ＯＫ店的小姐在那裡吃宵夜。

我那時在附近上班，有時中午想吃點桌菜，便吆喝兩三同事一同前往，也算是聯絡感情。小店裡的各種菜色，包括一人食的炒麵炒飯都很好吃，其中香煎豬肝最讓人驚豔。香煎豬肝的武功招式既是唯快不破，且看主廚手起鏟落，深褐色的豬肝隨即上桌，口感鮮嫩。最近很久沒去了，想著想著都餓了起來。

香煎豬肝的作法和熱炒很接近，炒豬肝就是日本拉麵店的強項了。我到「餃子の王將」用餐時，如果當天真的很餓，或者是點啤酒玩「西巴辣」擲到雙數，被強迫再來一杯的時候，就會加點一盤豬肝。豬肝是跟韭菜、豆芽同炒，微焦的口感香嫩好吃，一人完食剛剛好。

拉麵店賣炒豬肝似乎是很常見的小菜，白石一文改編成電影的小說《火口的兩人》當中，就有一段兩人翻雲覆雨後肚子餓，來到拉麵店，點了據說可以壯陽的韭菜炒豬肝，然後慾火焚身的橋段。雖然整部電影兩人都在慾火焚身，所以看不出是不是豬肝催情；總之，吃了豬肝增強精力的都市傳說，在日本應該相當普及，並不是空穴來風。

類似的料理也有以牛肝代替，作法類似，也是一種「精力料理」。在居酒屋常看到レバー（肝），有烤的也有炒的，大多數指的是牛肝，據說吃下去精神百倍，算是精力料理的典型食物。

豬肝也有變形，比如基隆有名的豬肝腸是把豬肉和豬肝攪成碎泥，再灌進腸衣當中。基隆人對於各種腸類小吃頗為偏好，大腸圈、蛋腸、豬肝腸都是名物。詢問原因，據說是因為天氣冷，大家愛吃火鍋，有腸衣包覆著，可以讓東西煮了不會散掉，比較方便的緣故。

基隆有家豬肝腸名店在仁愛市場樓下，只賣鹹湯圓和豬肝腸。咬下一口豬肝腸，頗有粉肝夾著瘦肉的口感，搭配脆脆的腸衣，再沾點辣椒醬，真的很好吃。另一家豬肝腸名店是孝三路上的小攤，是一位阿婆在賣，許多在地人會特別去排隊買回家。我個人比較喜歡仁愛市場的口味，感覺東西只吃一點點，比較不會膩，口感特別好。

坐在仁愛市場的小攤吃鹹湯圓時，常常會有不明就裡的觀光客說要來碗豬肝「湯」，老闆只得不厭其煩地指著攤位上的文字，說這是豬肝「腸」而不是「湯」。想來可能是基隆下雨下得多，大家都變得霧裡看花，看不清楚了吧。

療癒炸雞

年輕同事們仗著新陳代謝佳，下午茶時間很愛點香雞排，弄得整間辦公室香氣四溢，坐在後面不餓也難。問問原因，除了嘴饞，一律都說是工作壓力大，身為主管也只能微笑，畢竟壓力來源很可能就是我本人。顯見人們壓力很大的時候，常會想要吃炸物，雖然不是很健康，但總是特別療癒人心。不過，中年以後吃飲食需要克制，那油滋滋的炸雞雖香，若不戒除，看見體重計上的數字深覺自我厭惡，戒除垃圾食物似乎成為中年人自律的象徵。

有了氣炸鍋之後，炸雞就變成家常的料理。自己調配的油量比較低，就有了一種自我說服的安全感，好像這樣吃會健康一些。去骨雞腿排趁著還有一點凍的時候切塊，以一點點清酒將調好味道的日清炸雞粉化為泥狀，裹上雞腿排，噴點油丟進氣炸鍋，一百八十度十分鐘，中間翻面一次就可搞定。剛開始做的時候難免有些失誤，粉調得太水、炸太久都是常見問題，多做幾次彈性地選擇時間、溫度和水量，就能解決。當然，氣炸終究沒有油炸好吃，這是必須承認的事實，也是放寬炸雞戒律後自我安慰的理由。

每每到居酒屋、拉麵店，想試試看到底這家店的料理道不道地，和風炸雞通常是一翻兩瞪眼的食物。好的炸雞皮很薄又軟嫩，一口咬下油脂四溢，燙得我只好移開筷子直吹氣；不好的炸雞咬下去都是炸得硬邦邦的麵粉，肉老無汁，像是將氣炸鍋調二百度炸二十分鐘。

去年辦公室附近新開了一家標榜北海道口味的拉麵店名叫「界沙門天」，炸雞非常好吃，搭配拉麵口味絕讚，偶而興起很想吃的衝動，就直奔而去。我的食量不大，一碗麵加上一盤炸雞絕對吃不完，但還是會想要點它。剩下三分之一碗麵，就只好跟老闆說抱歉了。

被視為日本料理一級戰區的中山區，有不少炸雞名店，松江南京站的「鐵之腕」、條通的「呑兵衛」，都是炸雞非常厲害的店家。不過偶而也會踩到雷，因此口味一致的連鎖店，反而是比較安全的選擇。像是在日本很便宜，在台灣挺貴的和風洋食「彌生軒」，或者台北常見的拉麵連鎖「樂麵屋」，炸雞風味都不錯。

另外，來自名古屋的連鎖咖啡店 Komeda 炸雞也很好吃。咖啡配炸雞當然不是很搭，但因為炸雞實在美味，讓人還是想要吃吃看。只是名古屋流行的炸雞翅似乎沒有賣，有點可惜。

日式炸雞在台灣流行起來，好像不是理所當然的事。我輩中人，人生第一次的炸雞體驗常常是「頂呱呱」之類的台式快餐，那種炸雞比較接近日語的「フライドチキン」（Fried chicken），也就是美式快餐炸雞。我有位轉學而來的小學同學，他家在街口開了一家叫做「嘎嘎叫」的台式快餐店，剛開幕時窗明几淨，炸雞還以籃子裝著，如同美國圖畫書上的風景，是記憶深刻的炸雞。

青少年和青年時期，我的味蕾還沒打開，心目中最厲害的炸雞就是肯德基。永遠都在肚子餓的中學生，如果吃上一餐肯德基炸雞，就算是至高無上的享受。那幾年肯德基所有的廣告都在賣炸雞，在地上滾動的「這不是肯德基」廣告，至今還常被拿來當作家人之間閒聊的話題。

還記得那年在成功嶺大專集訓，吃炸雞成為所有入伍生休假時一致的盼望，這樣的氣氛似乎持續了很多年，直到我和弟弟當兵，新訓懇親時餐廳桌上都還是一桶一桶的肯德基炸雞。現在偶一食之，總覺得味道沒有當年好吃，可能是心境轉變，也可能是美食的味蕾已經被徹底打開。

真心比較起來，日式的雞唐揚「からあげ」和美式炸雞「フライドチキン」，還是不太一樣。日式炸雞的調味靠醬油、咖哩、七味粉，經常是由裹粉來決定味道。西式的調味就比較偏向醃漬雞肉本身，麵衣本身無味，而以和肉雞共同咬下的口感來決定勝負。

日式炸雞既然叫做「唐揚」，想必就是自中國傳入。江戶時代以來的日本人，經常把各種食物裹粉拿去炸，稱作唐揚，比較有名的像是「薩摩揚」炸魚板、炸天婦羅，都是日本人嗜吃的炸物。

炸物傳入日本之後也有很多不同的作法，比如南蠻炸雞，在炸好的雞肉上面淋了酸甜的南蠻醬汁。有「南蠻」之名，自是從葡萄牙傳入，十五世紀以來在海上最活躍的葡萄牙人，為日本帶來許多不同的食物風格。台北有一家TUGA葡萄牙餐廳，其中一道炸蝦料理，乍看和日本料理系出同門，其來有自。

明治維新以來，日本人漸漸改變了不吃肉的飲食習慣，和風洋食興起，炸豬排、各種唐揚的選擇愈來愈多，像是「彌生軒」搭配味噌湯、沙拉、小菜和白飯的和洋混搭吃法，也漸漸成為日本人飲食文化的一環，並且跟著全球化腳步流傳到包括台灣在內的世界各地，也改變了人們的飲食習慣。

台灣人吃的炸雞，除了日式和美式之外，還有一種相當粗獷的台式吃法。很多年前我的外曾祖母過世，喪禮後的辦桌準備了一個大油鍋，廚師把整隻雞裹粉丟進去油鍋裡炸，端上桌就是一道熱騰騰、香噴噴的菜餚。我猜想之所以採用油炸，多半是因為台灣天氣炎熱，古早時辦桌無法確保食物能夠保持新鮮，採用油炸，取其高溫殺菌之效，客人比較不會吃壞肚子。此外，鹽酥雞也是台灣炸雞一絕，雞的各部位切成小塊沾粉來炸，撒上胡椒鹽或辣椒粉搭配啤酒實在好吃，常引誘著想減肥的人「明天再說！」

就算香雞排引領過一陣炸物風騷，鹽酥雞也從來沒有褪過流行。只是我小時候經常搞不懂，到底哪一家才是「台灣第一家鹽酥雞」，怎麼巷口這家這樣說，大馬路上那家招牌也這樣寫呢？

滷鍋三層肉

滷肉是台灣家常菜當中最常見的一道，肥瘦兼具的三層肉咬起來頗有層次，滷汁澆飯最開胃，即使食量小的人也能吃上兩碗。

滷肉其實不難做，挑一條不至於太油膩的三層肉切塊，不加油，將兩面煎到金黃，加上蔥薑蒜、冰糖、醬油、米酒，以小火燉煮大約一個半小時即可。我自己滷肉很少用冰糖，多半是去超市買可樂或者蘋果西打代替，據說氣泡可以軟化肉，滷起來口感更甜更軟，方才煎肉餘下的豬油，也可以留待炒青菜。

用可樂這招是很多年前聽來的，那時候我還在「臨界點劇象錄」劇團當學徒，聽記者和當時生病的導演田啟元聊起偏方，其中有一道「可樂滷豬腳」，據說可能對他的病情有幫助。乍聽之下覺得不可思議，回去和媽媽分享，媽媽試著做做看，果然滿好吃的。這口味我一直記在心上，直到自己可以主持廚房，變了巧滷滷看三層肉，漸漸有了更多心得。

蘋果西打的作法，也是從可樂變化而來。我覺得可樂顏色偏深，滷出來的肉沒那麼好看，就用蘋果西打變化鍋中物的顏色，果然顏色比較美。若是用西打滷，醬油就不僅是調味而已，更要用來調色。如果用白醬油，煮出來顏色會太淺，跟可樂上色太深一樣，過與不及。

這道菜還可以變身為客家菜梅干扣肉，先將梅乾菜泡水，將上面的風砂洗淨，切細後加一點薑蒜、米酒、白醬油，將煎過的肉塊擺上，即可燉蒸。記得肉要切得比平常滷肉的肉塊稍薄一些，比較容易入味。

菜市場或超市賣的三層肉大多為條狀，我喜歡挑選比較不肥、看得到瘦肉的。在菜市場購買時可以請小販切塊，超市的拿回來自己切。肉若要好切，建議稍微冷凍，解凍到一半時切邊會比較整齊。如果買回來的五花肉是為了烤肉用，冷凍後有了形狀，就會比較好切片。

有些人喜歡黑毛豬，但黑毛豬多半挺肥的，我倒是不太介意白豬。超市上貼著「快樂豬」標示的商品，常令人手滑。前陣子我到雲林一遊，聽說雲林的「究好豬」風靡網路團購，一試之下，味道果然不錯。但生鮮肉價格實在太高，買不下手，只好用熟食類掩耳盜鈴，覺得既然已經料理過，貴一點的話還可接受。但細看銷售排行榜，「究好豬」的滷肉也是頂港有名聲、下港有出名。

滷肉既為家常好食，台菜餐廳們必然是各有千秋。撇開青葉、欣葉這些名店不談，一般的家常小館也有許多出色的。林森北路二條通的「味菁軒」沒有華麗裝潢卻有家常好味，以前在附近上班時，同事常約此聚餐，東西便宜好吃，總能賓主盡歡，滷肉頗受歡迎。東門的「大來小館」滷肉也很不錯，我有幾位台菜之友，偶而相約敘舊，多選在這裡。

下飯的滷肉，客家人當然也吃。楊梅與龍潭交界的山裡有間「大江屋」客家料理，週末中午總是高朋滿座，一位難求。它的滷肉很受歡迎，精挑細選、肥瘦均衡的三層肉滷得入味、軟硬適中，總讓人忍不住食指大動，可以一口氣配上兩碗白飯。不過，「大江屋」提供雞油可以拌飯，大多數人還沒上菜就已扒下一碗飯，等到滷肉上了想再添飯，通常已經徒呼負負。

萬華祖師廟旁的「一甲子」賣焢肉飯也賣刈包，都是從同鍋肉裡面取出一片，或放在白米飯上，也可能用刈包包起來。雖然味道偏鹹，真的很好吃。坐在路邊吃刈包有點克難，夏天也過於炎熱，但不愧是米其林必比登名店，實在很美味。華西街有另一家知名刈包「源芳」，肉滷得比較清淡，加上酸菜、香菜和花生粉，也得到米其林必比登加持，短短一公里內就有兩家必比登名店，該位評審想必非常愛吃刈包。

刈包的吃法不僅是台灣有，日本也有。長崎的刈包就很有名，一塊叫做「角煮」的三層肉加上一小片刈包，什麼都不加，也能吃得很開心。長崎歷來一直是海港，也是江戶幕府開放對外貿易的指定點，更是日本最早接觸外來文化的城市。角煮據說來自中國杭州，那可能和杭州有名的東坡肉有點關係。

傳說東坡肉這道菜，是愛吃肉的蘇東坡涉入黨爭，被貶到黃州時所發明。有一說是他寫過一首〈豬肉頌〉讚揚當地滷肉，不過這淺白如打油詩的作品到底是不是東坡所做，似有疑義。蘇東坡在黃州時過得不甚愉快，也因為大難不死，換了一種心境，經常都與漁樵為伍，每天都喝得醉醺醺。高中時讀過的〈記承天寺夜遊〉，言簡意賅地描述了他當時閒閒沒事幹的隱居生活。他說自己：「解衣欲睡，月色入戶，欣然起行。念無與為樂者，遂至承天寺尋張懷民。懷民亦未寢，相與步於中庭。」自己睡不著去吵朋友，結果朋友也沒睡，兩個人就在月色下散步，可能明天也不用早起吧。

有關蘇東坡在黃州生活的種種，最廣為人知的作品，莫過於余秋雨的〈蘇東坡突圍〉。他談到了「烏台詩案」的由來，點評了當時參與黨爭的人，也講述蘇東坡如何灰頭土臉的經歷，這衰小的一切讓他來到黃州，然後人生突圍，才能成就文學創作的巔峰。不過，文章裡面一句也沒提到豬肉，畢竟真正讓東坡肉流行起來的地方，還是在他後來去的杭州。

我有幸在西湖名店「樓外樓」吃過一次東坡肉，那時候還年輕不懂吃，只覺得口味偏甜，入口即化挺好吃。後來在台灣吃到作家焦桐大力推薦的「上海極品軒」東坡肉，侍者先端上菜飯，再端上用麻繩捆綁的五花肉，拆線放在飯上，一口咬下肉，再搭配菜飯，口味頗有層次。只是最近幾次去，可能見多識廣了，吃起來總覺得沒有當年首次品嘗時的驚豔。

台灣藝術史上最出名的豬肉，我認為應該是故宮裡唯妙唯肖、彷若置於砧板的「肉形石」。它是出自清代的工匠作品，雖是工藝品，卻因為相像之故，和以相似著名的翠玉白菜、大廳擺放的毛公鼎三物，並稱「故宮三寶」，頗具人氣。

嘉義的故宮南院剛開幕時，肉形石被移置嘉義展出一段時間，以顯重視。當時大家都戲稱去南院是要去看那塊滷肉。不管怎麼說，用看的畢竟聞不到香氣，不如到附近的朴子找間焢肉飯，好好坐下來吃一頓。

人外有人，蚵外有蚵

我小時候很少吃到蚵仔，因為我母親不敢吃蚵仔，所以她很少買。有次去逛夜市，吃到蚵仔煎驚為天人，跟屁到菜市場時吵著要媽媽買回家，才能偶而喝到蚵仔湯。有一次父母親到七股玩，據說我父親吃了一整籃烤蚵仔，才知道原來父親也是愛蚵之人。等我自己掌廚之後領悟了一番道理，買菜的人最大，掌廚的人不敢吃的東西，吃飯的人不管多愛，大概都沒機會吃到。

我曾問母親為何不敢吃蚵，答案是有腥味。海鮮易腐壞，台北買的蚵確實常有腥味，偶而有一、兩家腥味少的店，客人多半絡繹不絕。梧州街的「佳佳海鮮」、西昌街的「東石鮮蚵」，還有對面的「艋舺鹹粥」都講究新鮮，吃得到一點海味，但是不至於腥，做湯、豆豉、油炸都很不錯，價格也很親民，環境當然就不要太講究了。

海味和腥味往往在一線之隔，有些人覺得海味也偏鹹腥，拒之於千里，有些人覺得如果沒有那點海味，吃蚵仔就失去了意義。像是華西街很有名的「阿義蚵魯飯」，滷肉飯上鋪了滿滿的蚵，但我總覺得缺了一點海味。

克服蚵仔腥味的方法除了新鮮，另外一招就是裹粉。裹上太白粉的蚵我常覺得無味，不太喜歡。還有一個作法就是油炸，大稻埕永樂市場後巷有家炸蚵嗲，起鍋油滋滋的，稍放幾分鐘，咬下去油脂、蚵肉和韭菜香氣迸發，光想到都覺得餓了。

台灣蚵仔的原鄉在西部沿海，最有名的就是東石鄉。往漁人碼頭的路上，路邊每間店都在「錽蚵仔」，通常是中年以上的女性戴著斗笠，全身包得密不透風，拿著小刀把剛採來的蚵仔掰開，取出蚵肉，再把蚵殼放置一旁。「錽蚵仔」的現場蚵殼通常堆積如山，旁邊還有數座已經曬成白色的蚵殼小山丘，等待著賣給肥料廠。

大多數以鹽分地帶為背景的文學作品，像是蕭麗紅的《白水湖春夢》、蔡素芬的《鹽田兒女》等，只要描寫鄉土故事，鹽田、蚵田、魚塭，都是基本款。

前陣子因緣際會之下，我閱讀了同為出身鹽分地帶的周梅春《大海借路》，裡面的主角在台南青鯤鯓長大，當母親離開青鯤鯓到外地工作，兩姊妹留在故鄉最重要的收入來源就是錽蚵仔。另一位全民皆知的錽蚵名人是作曲家羅大佑，他在還年輕、有批判力時代吟唱的〈青蚵嫂〉，以幽默的自嘲來進行階級天生、不易流動的社會批判，也因此得到台灣社會的共鳴，至今翻唱無數。

東石錽蚵仔的店家附近多半有賣蚵仔的餐廳小吃。我去過幾次路邊鐵皮屋蓋的「阿春小吃」，環境不怎麼樣，室內沒有冷氣，到處鬧哄哄的，蒼蠅偶從頭頂飛過。若再點一顆椰子，就會有種置身亞庇的菲律賓市場錯覺。

儘管環境如此，口味還是好的。阿春小吃的「蚵仔包」很有名，其實跟蚵嗲作法很像，只是包的不是韭菜，是蛋和高麗菜，一樣用剪刀剪開，吃起來油香四溢。可能是產地的關係，東石的蚵一向不太需要擔心腥味。無論是油炸蚵仔、清燙鮮味蚵，或者是最受歡迎的烤蚵仔，無一不讚，真的是有青才敢大聲。

「阿春小吃」唯一的缺點就是室內熱得不得了，好在隔壁就是便利商店，吃完可以進去吹個冷氣，擦去一身汗。

如果不是取決名氣，沿著西濱公路一路南下，白水湖、布袋、北門、將軍、七股的「黃金海岸」一帶，也散見一些蚵仔餐廳，大多是提供以烤蚵仔為主的食物，價格比東石市區稍低。烤蚵仔多是自助，只要有心，人人都會。蚵仔的話，凡是新鮮都好吃，應該是毋須太擔心店家的手藝。

台灣西部沿海地區長期地層下陷，土地貧瘠，當地也缺乏產業，沒有什麼工作機會，因此人才大量外流。地方政府苦於缺經費、缺人才，別說建設，連基本的環境維持都很辛苦。藝術家楊順發的作品《台灣土狗 Taiwan to go》拍攝了在西部海岸線上奔跑的野狗，也問出了在台灣最貧瘠、建設最落後的土地上奔跑的狗狗們，「到底要往哪裡去？」這個具有隱喻性的大哉問。

這幾年因為地方政府強力爭取，將西部沿海都納入「雲嘉南濱海國家風景區」，當地才有多一點中央資源可以發展觀光。但西部沿海幅員廣大，管理處鞭長莫及，像是東石白水湖附近的壽島，雖然靠電影《消失的情人節》加持，吸引不少觀光客前來，但海岸邊還是有亂丟棄的建築廢棄物，沙灘上的紅磚和鋼筋非常違和。如果能夠有效改善海岸風景，應該會比舉辦地方節慶更有用，否則觀光客看了這裡的環境，不免會懷疑自己剛剛吃下肚的海鮮，是否真的能令人安心？

若有機會離開台灣本島到澎湖，才知道蚵仔的世界也是人外有人、蚵外有蚵。澎湖的在地旅遊行程通常會有烤蚵仔吃到飽這一項，店家通常是在潮間帶附近，或者是搭船到不遠處的箱網浮筏上開烤。那些蚵仔飽含海水，平的一面朝上，放在炭火上不久就開口噴起水來，稍微打開即可食用，味道非常鮮美。偶而會有一、兩顆不開口被烤到金黃微焦，那焦香吃起來也別具滋味。

蚵仔要吃飽少，說也得吃上十幾二十顆，但和漁家滿坑滿谷的鮮蚵相比，真的也只是九牛一毛。

在外面烤蚵仔沒辦法太講究，炭火上的蚵仔多半沒清洗過，從海上直接來到桌上。開蚵仔時務必注意，不要沾黏蚵殼上的沙粒、海藻或者石灰，以免吃下不久就要拉肚子，店家也多會提醒大家蚵仔裡的海水不要喝，一方面太鹹，一方面無法確保衛生。

除了澎湖之外，我也買過朋友介紹的馬祖鮮蚵，可能有特別挑過，每顆都碩大無比，價格也不貴。買回家的鮮蚵要講究一點，因此我多半會稍微整理一下，拿鋼刷把殼清理乾淨，再放上不鏽鋼平底鍋火烤，一樣開口就可以起鍋。

帶殼蚵仔若放冷藏，一週內大概都還算新鮮，但生鮮食品當然是愈鮮愈好，通常兩、三天就下了肚子。唯一要注意的是馬祖的計價單位是馬斤而非台斤，一馬斤是五百克，也就是半公斤，和台斤六百克的算法不同，若沒有事先提醒，易生糾紛。

日本也有好吃的烤蚵仔，我在號稱「天下廚房」的大阪逛遊黑門市場時看見牡蠣與啤酒的搭配，價格似乎不貴，於是點了套餐，坐下來好好吃了一回。蚵仔可能精選過，一顆有手掌大，一口牡蠣一口啤酒，簡直驚為天人。這時候不禁想到無論是澎湖還是東石，因為交通不便只能開車前往，就無法擁有這種市區即可大啖的享受。

蚵仔配啤酒的美味我在美國也試過，那是在南方爵士樂大城紐奧良。在有名的觀光區法國區附近，餐廳會把生蠔堆在櫥窗，一份以十二顆或六顆計價，生食淋上檸檬汁便十分鮮美。有的餐廳會把生蠔煮熟，加入當地的肯瓊辣醬（Cajun Spices）入味，像是燉飯 Jumbalaya 的味道，十分鮮美。台北有家「NOLA 紐奧良小館」，想念紐奧良的時候，我也會去光顧。

我也曾在號稱美食之都的紐約吃過生蠔，那是鐵人般的總統過境北美洲行程中，趁僑宴空檔抽空到附近中央車站餐廳品嘗的經驗。生蠔十分美味，但我點了一道像是蚵仔燉飯的料理，可能當時正掛心著什麼事，因此食不知味，只是一直看著噹噹響的手機。這也證明了無論面對什麼好吃的東西，都應該要放下身邊的瑣事，用心品嘗，以免將來回想時只記得吃過什麼，對味道卻毫無記憶。

鹹蛤蜊

詹宏志的《舊日廚房》書中，講了一段鹹香蛤蜊的回憶，勾起了我對這道最基本的台菜下酒菜的記憶。

當兵時我因為文章寫得不錯，以及具有能把各處公開資料整理成分析資料的能力，因此獲得情報處長官的喜愛。軍官週三常有外膳，處長就會帶著我們幾個愛將到埔墘某條不起眼的小巷裡的一家熱炒小吃店用餐。

小吃店的菜如何我其實並無記憶，只記得他們的鹹蜆仔非常好吃，那是免費招待的小菜。肚子餓的阿兵哥就像無底洞般，一盤又一盤地邊吃邊聊，一點黃湯下肚，長官和屬下竟然打成一片。對我而言，義務役只要不在營區內就是自由，因此我很喜歡這段外膳時光，並私自幫那家小吃命名為「自由之蜆」。

後來我到立法院服務，有事沒事經常要到高雄和椿腳、兄弟們聚會。大家最喜歡去的就是鳳山的「正義小吃店」。高雄人喝酒很爽快，通常是每個人桌上放一瓶海尼根，叫做「栽罐」，配上店家醃製的小菜鹹蜆仔，就吆喝了起來。

朋友當中有一位玉山國家公園管理處的兼職攝影師，他經常都在山上活動，因為玉山跨越了嘉義、高雄和南投三個縣市，所以大家都叫他「玉山縣縣長」。縣長每次聚餐都遲到，遲到就先罰敬一圈酒；他酒量差，通常喝了兩輪就開始胡言亂語，大家都說他喝酒是自殺攻擊的「神風特攻隊」，給兄弟們帶來許多笑料。

幾年前，縣長因為心臟病去世了，後來我因緣際會看見前輩攝影師方慶綿的作品，突然想到，其實縣長在做的事，和當年方慶綿是一樣的。縣長留下的許多作品都被玉管處收藏，民進黨立委們很愛在辦公室牆上掛玉山的照片，幾乎都是出自縣長之手。有時睹物思人，也想念起當年一起吃鹹蜆仔、喝酒的時光。

鹹蜆仔是很平常的下酒菜，但要做得鹹香好吃不容易。我父親非常愛這道菜，但我母親常說外面做的不知道乾不乾淨，因此都是自己料理。詹宏志書裡的煮法，是把吐完沙、清洗乾淨的蜆仔丟進滾水幾秒鐘，待蜆仔開一條小縫口即可取出。這個「幾秒鐘」不是很精確，有點難以掌握。我母親的作法是把蜆仔放在一個大碗公中，然後用滾水澆淋後取出，這樣剛好開一點縫。

蜆仔的開口只有一點點，是因為這樣才能半生熟。口開太大就是熟了，肉會變硬，比較難醃入味；相反地，縫口緊閉，醬油也進不去，更別說什麼醃漬了。前陣子家裡整修，我很堅持要換一台廚下型熱水器，電子水龍頭一按就能出熱水。安裝之後發現下廚真好用，不僅洗魩仔魚好用、沖咖啡好用，用這個來澆淋蜆仔使牠開出一條小縫口，也很好用。

除了河蜆之外，文蛤、海瓜子等各種貝類，也可以舉一反三地料理。大小不同、淡水和海水養殖的貝類，口感各有千秋，隨人歡喜。

決定醃製品口味的關鍵，當然還是醬汁。正如詹宏志所言，醃製蜆仔的醬汁因人而異，最傳統的就是大蒜、辣椒、醬油跟米酒，調好之後試試看口味，也可以加入各種喜愛的醃料，想吃日式的就用清酒、味醂和日式醬油，也可以加入柚子醬油或味噌；想要西式的也可以考慮波特酒、甜白酒和各種醋、香料來調味。總之，你加入了什麼醬汁，就會成為你想要的樣子。調整比重至你覺得喜歡為止，便將蜆仔加入醬汁，放進冰箱冷藏大約五、六個小時，這道下酒菜即可完成。

萬華三水市場有一攤鹹蜆仔非常有名，市場小販不賣其他食材，只有蛤仔、蜆仔、蚵仔三種。週末品項比較多，會有海瓜子、鳳螺等，但如果起得太晚，通常買不到海瓜子。這攤是那種老闆會額外多送你一根嫩薑和一大把九層塔的老店，不過店內一絕，是兼賣醃好的鹹蜆仔和鹹蛤蜊。

鹹蛤蜊是彰化海邊的吃法，海邊無蜆仔，但是文蛤很多，所謂「大海就是我家冰箱」，海港人自有海港人的下酒菜。三水街那攤的老闆據說是彰化人，因此用彰化人的吃法，他的醃醬加了玄米茶，比較不會那麼鹹。

無論是蜆仔還是蛤蜊，都是台灣很常見的貝類。在物資匱乏的年代，人們經常會撿拾這些俯拾即是的食物來吃，以拾來的貝類、家庭必備的醬油和大蒜、辣椒、米酒組成的鹹蜆仔，就是這樣誕生的。這些蛤仔、蜆仔，應該可以說是扶養台灣人長大的食物之一。

蚌殼類在西洋美術史上常被與「維納斯的誕生」聯想在一起，被認為是生命的泉源。在東方則常與佛教連結，觀音諸法相當中的「蛤蜊觀音」，常是佛教繪畫當中的主題。而在台灣講起跟蛤蜊有關的美術史，不得不一提隱身五十年後終於驚動萬教出現的黃土水大師作品〈甘露水〉。

過去我們對〈甘露水〉的理解，僅靠著兩張黑白照片。百年前的照相和印刷技術跟現在不能比，僅能以女神身後的貝殼，來解讀名為〈甘露水〉的意義，並以此類比「維納斯的誕生」，來寓意台灣美術的新時代來臨。

二〇二〇年，我有幸授命奔走，參與了〈甘露水〉的再現。還記得在見證歷史的百感交集之際，大家一同把厚重的木箱打開，再把覆蓋在上面的塑膠袋、麵粉袋一層一層剝除，終於看見雕像本尊時，竟同時被女神腳邊活靈活現，伸長了身體彷彿正在吐沙的蚌殼模樣逗笑了。

那是帝展當年留下的照片中，無法完整呈現的蚌殼旺盛生命感。因為有緣親見，灌注給當時困於疫情與工作瓶頸，身心俱疲的我滿滿的活力。那年北師美術館的紅包袋，畫上了文蛤正在吐沙的圖樣，煞是可愛。拿到這個紅包袋的人不只關心裡面包了多少錢，多半會問起這幾枚小文蛤的意義，然後知曉了〈甘露水〉的美好故事，也許這也算是台灣美術史推廣扎根的小小成績吧。

日台咖哩大車拚

咖哩飯是我剛開始自己做菜時最先學會的料理。程序很簡單，洋蔥切丁、胡蘿蔔和馬鈴薯切塊，跟汆燙過的肉類炒一炒，加水煮滾後放入喜愛的咖哩塊，用小火燉煮約一、兩小時，待湯汁濃稠即可食用。有些人喜歡放冰箱當隔夜餐，口味也是一絕。

十多年來我煮過不少次咖哩，清冰箱、變不出什麼食材新把戲時，咖哩常常都是掌廚的好夥伴。煮咖哩的經驗多了，也開始有一些自己的偏好，我喜歡洋蔥全部融化的感覺，所以通常會切成小細丁。馬鈴薯很容易融化，所以常輪切大塊。我知道燉煮牛肉要很久，雞肉或三層肉則約莫一小時可以關火。因為用鑄鐵鍋烹調，沒顧火黏鍋過，因此我通常用不沾鍋從炒到燉，一鍋到底。

我的煮法偏向日系，比起咖哩的起源地印度，日系咖哩口味通常偏甜，常見的咖哩塊廠商大概就是金牌、SB和佛蒙特。盒子包裝有蘋果的佛蒙特口味最甜，就算上面寫「中辣」，吃起來也不太辣。

有陣子日系咖哩店在台灣蔚為流行，茄子咖哩、CoCo壱番屋一家一家的開，但流行退燒後收了不少。現在的日系咖哩店常會和炸豬排搭配，點一份咖哩豬排飯，剛炸好的酥酥豬排、綿密的咖哩和晶瑩剔透、黏而不糊的白米飯，讓人非常有飽足感，最適合當作上班族瞎忙一個早上後犒賞自己的中餐。

豬排飯「かつどん」的「かつ」和漢字「勝」同音，在許多日式食堂看到的「勝丼」就是豬排蓋飯的意思。日本人取其發音的巧合，各種比賽誓師時常

常都會以一起吃豬排為號召。這道料理最早據說是在一九一八年由東京淺草的「河金」洋食所發明，老闆覺得把大家喜歡的咖哩和豬排結合，可以同時享受兩倍樂趣。

關於咖哩豬排飯有件趣聞，二〇一八年自民黨總裁安倍晉三競選連任時，在東京的飯店宴請可望支持他的國會議員，當時一共供應了三百三十三份咖哩豬排飯，結果只開出三百二十九張票，也就是有四個人吃了咖哩卻跑票，但找不出是誰，被戲稱為「咖哩飯事件」。

咖哩飯的普及大概是在日清戰爭時期，在歷史小說家司馬遼太郎的小說《坂上之雲》中寫道，秋山真之到海軍兵學校報到時，因為早餐吃到咖哩飯大為驚豔。海軍吃咖哩飯和明治天皇取消自七世紀天武天皇頒布的「禁止殺生肉食之詔」有關，以鼓勵吃肉來調整人民的身體素質，是當時推動現代化的重要指標，軍隊當然必須作為表率。如今，如果到橫須賀、江田島之類的海軍相關景點，也很容易買到以「海軍咖哩」為名的料理包。

明治中期後，從家庭主婦食譜中可以找到咖哩飯的作法，餐廳、食堂也常見這道料理。不過，它既非傳統和食，也不算是法國料理之類的洋食，白飯配上咖哩，旁邊有一點福神醬菜，讓人有種和洋文明交錯的感覺，不僅彰顯了時代精神，也讓咖哩飯成為「和風洋食」的代表料理。如今，日本的咖哩消耗量如今僅次於印度，是全球第二。

咖哩飯也因為日本人的關係，流傳到台灣。我們小時候的便當常常都有咖哩做配菜，盒蓋打開有一層螢光色的油漬。小吃店也常見咖哩飯，但比起日系咖哩口味偏鹹，顏色也比日系咖哩稍淺，沒那麼濃稠，裡面的肉類多半是三層肉。

萬華三水市場側面入口的「阿偉」就是典型的台式咖哩，經營者本是食客，不忍心看到老店關門，決定接手經營，口味還不錯。常見饕客點一盤咖哩，大啖煎魚、苦瓜茄子之類的小菜，也是萬華的一片風景。

另一個喜好咖哩的城市是基隆。基隆人經常用咖哩來炒麵，火車站附近的「阿玉炒牛肉」，每每高朋滿座，店員吆喝著點菜，頗有水手風情。廟口有名的「阿華炒麵」雖然經常大排長龍，但路過時滿是咖哩香味，讓人垂涎三尺。

說到咖哩炒飯，我記憶比較深刻的是位在北投復興四路巷子裡的「永成小吃」，那是高中時代和女生約會聊天，或者打發無聊時間的好去處。正值發育期的高中生隨時都處在肚子餓的狀態，下午四點多下課後跑去「永成」點一份咖哩炒飯，再來一大盤綠豆牛奶冰；晚上七點多回到家，居然還可以吃得下晚飯！不像現在已是中年大叔的我，只要下午吃了點心就吃不下晚餐，回想起來還是覺得不可思議。

「永成」的咖哩炒飯其實平淡無奇，就是普通的肉絲蛋炒飯撒上一點咖哩粉，但飢腸轆轆時的炒飯特別好吃，和女生約會時你一口、我一口，也讓食物彷彿添加了調味料。現在回想起來，那口味比較接近青春的青澀和甜美，而不僅只是食物的單純美好。

據說「永成」前幾年已經收掉，於是我想念咖哩炒飯的時候，只能跑到武昌街台式日本料理界的扛霸子「添財」來一盤。雖然吃下一盤總覺得肚子太撐，但它的味道勾起了青春的回憶，總讓人念念不忘。

味噌與紅糟

味噌是在我的生活周遭經常出現的食物，吃日本料理時會有味噌湯，雞肉飯也會配味噌湯，味噌拉麵則是常見的外食。我家附近的三水市場雜貨店有零售味噌，我常去買，只要十元左右，就可以燉出一鍋牛肉大根煮。直到後來，我發現去超市買的進口味噌更美味，才比較少光顧。

味噌本身是一種很好用的食材，它的前身是「醬」，由豆豉、米麴之類的食物製成，本是用來醃漬各種食物，據說平安時代從百濟傳到日本。不過味噌被日本人發揚光大，是因為它有不易腐壞、適合醃製儲存的特性，因此作為軍糧使用。戰國名將武田信玄所在的甲州、上杉謙信所在的越後，還有他們爭霸之地信州，至今都是日本最具盛名的味噌產地。有趣的是，戰國小說裡，諸侯若是大量蒐購味噌，經常是研判是否戰爭將至的指標之一。

過去台灣人很習慣吃白味噌，後來我經常去日本旅遊，才意識到味噌的種類很多。除了白味噌之外，口味比較鹹、顏色比較深的赤味噌，在信州、越後、甲州這些戰國武士活躍的地方都很常見。至於京都地區的味噌，口感比較細緻，我自己吃起來覺得口味偏甜，和武家喜愛的粗獷鹹味很不一樣。想來這樣的差異，應該也能夠以京都多是貴族公家居住，和武士文化格格不入的常識來解釋。

味噌的作法很多，我最常做的是味噌牛肉大根煮和味噌湯。味噌牛肉大根煮是居酒屋常見的酒肴，首先把牛肉汆燙，和切塊的蘿蔔丟進鍋裡，再依照個人喜好放進味噌、味醂、清酒調味，牛肉煮軟、蘿蔔也很入味，撒上一點蔥花就可以。吃不完的話放進冰箱，隔天吃更有風味。

首次驚豔於這道菜的魅力，是在九條通有居酒屋風味的「樂山娘札幌拉麵」，因為飯後還有半杯啤酒，想點個下酒菜，一吃相當驚豔。當時吃的是牛筋煮，自己做菜時偏好買帶筋的本土黃牛肉來煮，只是本土黃牛肉口感偏硬，要煮到軟得花上多一點時間。

比起大根煮需要花點時間才能料理，味噌湯則簡單許多。比如日本人常吃的豚汁味噌，就是先把洋蔥、胡蘿蔔、白蘿蔔等蔬菜高湯的基底切小片；想吃油一點就用五花肉，想吃瘦一點就用梅花肉，放進鍋子裡炒一炒，佐以味醂、清酒、日式醬油任意調味，加水放入鍋中，大火煮開，水滾後拿個篩子放入味噌，以筷子攪散即可，篩子上會留下些許豆渣可丟棄。這個程序日劇《深夜食堂》每集的片頭都會示範一次，想不學起來也很難。

幾年前到日本旅遊，岳母也一起同行，才發現她不會做味噌湯。

她說從小就很少吃味噌，後來嫁到客家庄更少看到味噌。岳母年輕時住在青年公園附近，雖然離我們現在住的西門町、龍山寺一帶不遠，但其實我們很少去那邊。當年鐵路（現在的艋舺大道）把萬華區南北分開，青年公園所在的南萬華是外省社區，跟西門町、龍山寺有著截然不同的生活情調。

那時候我才開始想，味噌是不是只在某一些族群的社區出現，不會在其他族群的社區出現？幾次回太太的楊梅娘家，閒來無事在菜市場閒逛，會看見台北比較少見的客家梅干、福菜，也有專門賣鴨肉的攤位（台北的鴨肉攤較少，且雞鴨通常同攤），好像比較少見味噌。查了一下，我發現客家人有類似的「米醬」，但比較稀一點，客家料理也少見味噌入菜，若有的話，猜測也是和日本人學來的。

有回在岳母的餐桌上吃到「紅糟鴨」，一道看起來不太討喜，吃起來卻為之驚豔的菜色，一問之下是在鄰近的湖口老菜市場買的。岳母輕描淡寫地說，她小時候常吃這道菜，我上網查詢一番，發現紅糟確實是岳母家出身的福州人喜愛的醃醬，在那個沒有冰箱的時代，用它來避免吃不完的食物腐壞。

這件事也讓我想起有客家血統的阿嬤年輕時跟鄰居福州人學做紅糟，在菸酒全是公家販賣的年代，偶而會私釀一些紅糟酒，據我母親的說法，十分美味。不過，她現在年紀大，封了廚刀，所以我只能從紅糟鴨的醬汁領會一番。

據說客家紅糟和福州紅糟的作法有點不同，都屬於儉省人家的勤苦食物，和當年味噌的發明和使用，其實有異曲同工之效。從味噌到紅糟，都是人類為了保存食物得來的智慧結晶，證明了即使飲食文化不同，不變的是，大家都不喜歡浪費食物。

國民美食虱目魚

週末上菜市場閒逛，看到週末限定的虱目魚專賣店，隨口詢問店家有沒有拔刺，知道有後便貪圖一片一百五、兩片兩百八的折扣，買了兩片無刺魚肚入袋。

我小時候對虱目魚印象不佳，主要是受名字有個「虱」所致，令人想到虱子之類的討厭蟲類。另外，就是刺多。對小孩而言拔刺實在是很辛苦的事；虱目魚無論是魚柳還是魚肚都充滿細刺，吃起來既不方便也不優雅，因此經常令人望之卻步。

有一回我到嘉義吃相當有人氣的火雞肉飯，看見魚肉湯只要三十元便點了一碗，結果每一口魚肉都有刺，吃得非常狼狽，對虱目魚的多刺又一次打了「X」。

讀大學時我一個人在外面租屋生活，偶而覺得今天特別辛苦，就會吃點好料慰勞自己。東海巷弄裡有一家「姨婆小吃」，滷魚肚和薑絲魚肚湯特別受歡迎，點一碗滷肉飯加蛋、一碗魚湯，和自稱姨婆的老闆有一搭沒一搭的閒聊，有種在家中吃晚餐的日常感，帶給出外人不少溫暖。因為如同在家一般，好像也就沒那麼在意魚多不多刺，反正大學生有的是時間。

大概是有跟我一樣困擾的人很多，後來漸漸發展出一種「無刺虱目魚」，透過加工把刺先拔光，這樣吃魚時就不用煩惱太狼狽，也不用擔心被魚刺卡到。若要自己煎虱目魚肚，也是有點挑戰性，首先魚肚洗淨後用餐巾紙擦乾，然後撒一點胡椒和鹽，拍粉這個步驟雖非必要，但想拍也無不可，待油熱就可以下鍋煎。

虱目魚肚中間有一條脂肪，有些人喜歡，有些人覺得油膩，敬謝不敏。我屬於覺得脂肪和魚肉得互相搭配才能相得益彰的類型。香煎時有脂肪的那一面往下先煎到金黃再翻面，用那些脂肪炸出的魚油來煎魚皮。

虱目魚肚很脆弱，多翻幾次就會碎掉，因此最好是算準時間不要亂翻，但要如何掌握魚皮魚肚煎金黃焦脆的時間，我也講不出個所以然。還好有廚房救星氣炸鍋，噴一點油，撒上鹽和胡椒，就可以二百度煎十分鐘；若還未達金黃就翻面再煎三、四分鐘。於是，無刺虱目魚肚經常出現在我家餐桌上，大人小孩都吃得津津有味。可以香煎的東西通常也能紅燒，只要把香煎的魚肚翻到魚皮側後，加入蔥薑蒜醬油米酒，還有糖，也能做出一道美味的紅燒虱目魚肚料理。

讓我真正享受到虱目魚的美好，應該是在台南。久聞台南人對虱目魚有種特殊的愛好，像是畫家郭柏川就是虱目魚的愛好者。台南人阿扁當總統時，連國宴都要把虱目魚端上桌。我想，既然自己已經喜歡上虱目魚，到台南時不妨嘗試看看。不過，講來汗顏，好吃到特斯拉都會當機的開元路土魠魚隔壁，有家無名虱目魚湯與滷肉飯，每次住在台南的家人都推薦去那裡吃早餐，但我可從未吃過。

後來吃到好吃的虱目魚粥，是在經常受到「漲價」、「很貴」批評的「阿堂鹹粥」。一開始沒有很感興趣，吃完隔壁的「包成羊肉」後仍未有飽足感，便晃到人聲鼎沸的阿堂，東張西望。超大碗的鹹粥令人興致缺缺，但點了看來焦黑扭曲、賣相不佳的煎魚腸，結果意外地一吃成主顧。

早聞焦桐、魚夫等老饕作家對魚腸讚賞不已，移居台南的魚夫不只寫了好幾本食物散文，還把自己的漫畫集取名《魚腸劍譜》，顯見其對魚腸的熱愛。

焦桐在《台灣味道》裡面談到了魚腸需要新鮮，因此連在台南採買都常常撲空，遑論在台北找到好吃魚腸的滋味有多麼困難。

那天在「阿堂鹹粥」之所以點了魚腸，就是被這兩位前輩所誘，那魚腸煎得焦香酥脆，肝的苦味和腸的口感，再加上黏著其間的脂肪，層次感讓人回味無窮，心想：「這麼好吃的東西，我四十歲才吃到，簡直人生白活了。」

後來我又陸續發現不少各種料理魚腸的好滋味，比如最常光顧的「川泰號」，老闆常常忙得七葷八素，墊著荷葉的攤前有幾碗魚腸，魚腸不是天天有，連假去、太晚去、休市去，那幾碗魚腸都不會擺在那兒。偶而運氣好，看到攤前沒擺，開口問老闆，老闆轉身從冰箱裡拿出兩三碗，可能也就是最後幾碗，只有熟路饕客才有的小幸運。

「川泰號」的魚腸有清燙或者煮湯，我通常都是選清燙，撒上一點薑絲小辣，最能嚐出魚腸的原味，搭配有魚肉魚丸的綜合湯、滷肉飯加顆蛋，是我心目中最棒的台南早餐。

「川泰號」的對面有家古早味鍋燒意麵，東西都是現點現做，上菜速度頗慢。我去過幾次，發現老饕都是先點一片煎到恰恰的虱目魚，那虱目魚並未挑刺，食客只好一邊挑刺，一邊等待鍋燒意麵上桌。店家上菜節奏彷彿有精算過，一片魚肚吃光，一鍋意麵上桌，無縫接軌，也是一種聰明的吃法。

在台北嘴饞想吃虱目魚，又懶得自己做時，懷寧街上的「台灣添」是還算不錯的選擇。午飯時間店裡經常擠滿人，我偶而也會去湊熱鬧。除了滷肉飯和各種魚湯，想吃清淡一點，屬於南部飯湯口感的魚肉粥是首選。很多客人點客飯，就是兩三樣小菜，煎一片魚肚和一碗魚丸湯，就是豐盛的一餐。當然，還是比不上台南口味，至於魚腸，更是想都不用想了。

料理一條魚

雖然是海島子民，但其實我大約兩年前才學會怎麼煎魚。在此之前，我家餐桌上很少有魚，就算有也是西式的一「片」魚，而非中式帶著頭尾的一「條」魚。

學會煎魚，是因為一位經常拿海鮮和我們家交換青菜的朋友，把自己要吃的魚和送我的小卷放錯袋子。這袋魚陰錯陽差地來到我家的冰箱，我只好開始學習煎魚。

實際動手之前，覺得煎魚很難。我很喜歡的臉書社團「婦仇者廚房」常有把魚煎壞的照片，分屍的馬頭、焦黑的赤鯮，大家比賽誰廚藝比較爛，比看到誰家煮出一桌好菜，更加療癒。有一次，看見自己好友嘗試煎馬頭魚，結果整條魚四分五裂，身首異處，彷彿死了第二次，這些經驗都讓我打心底覺得煎魚好難，總是怯步不前。

不過，自己動手之後才發現並不困難。把殺過的魚洗乾淨後，用餐巾紙擦乾，兩面抹點鹽；若覺得魚又大又肥，就輕輕在魚肉上劃幾刀，也可輕撲一點麵粉、太白粉，靜置五、六分鐘。接著，找一個導熱良好的不沾鍋，先熱油，然後將魚放入轉小火，怕噴濺就把鍋蓋蓋上。接下來的動作很重要，就是去旁邊洗個碗盤，大約五、六分鐘後打開鍋蓋輕輕翻面，再加一點米酒，然後再去洗五、六個碗，大致上就可以把魚煎到酥脆赤赤了。

和其他魚相比，馬頭魚比較難煎。牠的肉質細且肚腸已殺乾淨，缺了支撐，初學者翻面時若稍微用力，很容易碎掉，或搞得皮肉分離，上桌不好看。赤鯮比較小隻，形狀比較圓，肉也厚，翻面時可以很俐落地翻過去。紅線、盤子魚

都是小小隻，比較適合還沒學會輕鬆翻面的初學者。

黃雞魚、午仔魚比赤鯮要大，很多人採取香煎作法，我個人比較喜歡用烤的。作法跟香煎差不多，抹鹽擦乾劃幾刀，噴點油跟酒，丟入烤箱，一百五十度二十分鐘便是。至於黃魚和黑喉常見於紅燒，紅燒的作法是不裹粉，乾煎後放醬油、米酒、糖、味醂、蔥、薑、蒜，算是比乾煎多了一道工。起鍋時記得嗆個黑醋，風味更佳。我偶而煎馬頭魚也會不小心煎破皮，但只要形狀還在，再加一工紅燒，一黑遮三醜，燒完之後，看起來還是挺美好的。

煎魚必須具備耐心跟細心，沒耐心的人會亂翻面，不小心把魚弄散；粗心的人則太晚翻面，不小心煎到臭火焦。「電火球」蘇貞昌在二〇一〇年競選台北市長時，常常以煎魚為例，批評台北市政停滯不前。他舉起一隻手，帶著全場大喊：「魚仔煎太久要翻，不然會臭火焦！」「要翻」佐以手掌翻面，全場氣氛才會嗨起來。

我自己既沒耐心又粗心，解決太早或太晚翻面的方法，就是分心去做別的事。但是也不能跑太遠，以免忘記；在旁邊洗幾個碗，也是解決問題的好方法。

海魚的烹調不出這幾種方式：乾煎、清蒸、香烤、紅燒。關於魚的烹調知識，最容易的學習管道就是在菜市場找個熟一點的攤子，一邊看著老闆殺魚一邊和他聊天。魚販們都懂魚，通常不會藏私，多問幾次自然就會多認識魚。不喜歡和魚販培養感情的人可以到高級超市採購，每季的當令魚都會和生魚片一起放在冷藏區，夏天多香魚、飛魚、紅條，春夏交替之際有不少尖梭、石狗公，冬天則會有很多黃雞、黑喉，四季皆出現的就是赤鯮、馬頭。看完標籤，當場Google，不用開口問就能心領神會。

如果懶得自己烹煮，大安站附近的咖啡簡餐「理想。時光」和忠孝復興站的「銀島食堂」，都是我私心推薦有好吃魚料理的餐廳。銀島的作法比較日式，配菜也偏向日式食堂的家常菜風格，較為清淡。「理想。時光」的配菜和調醬則比較台，但各有千秋。雖然這兩店的價格都不低，卻是我想吃海魚時會去的地方。

海島人吃海魚，大陸人當然就吃淡水魚。宋代文豪蘇東坡愛吃西湖醋魚，小說家高陽筆下的胡雪巖常在湖州、杭州一帶行走，用膳時經常出現草魚、鰱魚。國民黨從大陸撤退來台後，也把這種吃淡水魚的文化帶到台灣，因為語言斷裂之故，飲食文學的主流作家自然也都是外省子弟。因此，早先在文學作品中談論的魚都是鯉魚、鰱魚、草魚之類的淡水魚，台灣人常吃的海魚倒是很少登上檯面。

淡水魚土味重，沒辦法乾煎清蒸，通常有很多花稍的作法。像是台北濟南路的「蜀魚館」，豆瓣、椒鹽、糖醋、蒜泥各種吃法都有，最受歡迎的還是跟麻婆豆腐一起煨煮的豆瓣口味，一口吃下，滿是魚卵的豆瓣魚塊甚滿足，如果拌飯的話，我可以吃上三、四碗，唯一的缺點就是刺多。

張大春在《我妹妹》當中有個橋段是男主角和女友約會，吃了一整條土腥味極重的草魚，喉嚨被魚刺卡住。於是，每次吃到草魚，我都會忍不住想到這個故事。

除了文學與美食之外，美術史當中的魚也很有趣。西洋美術史中的魚，多半是餐桌上、市場裡的魚，這和基督教信仰有關。《新約聖經》中的「五餅二魚」，是耶穌和使徒共享的神蹟，在達文西描述耶穌和使徒共享「最後的晚餐」作品中，魚便登上桌面，成為晚餐食材。也因為如此，歐洲繪畫中的魚經常是以市場或餐桌上的靜物呈現，直到以平民生活為題材的法蘭德斯畫派出現，才加入飲酒設宴的歡樂場面。

東亞繪畫中的魚比較重視寄情，多半以優游之姿出現在各種水墨畫作品當中，以寄寓作者喜愛自在之想。即便是接近常民生活的宋代〈藻魚圖〉，描繪的也多是水中游的活魚，且多為單調的鯉魚。這種畫風也影響了東洋日本，出身錦市場的江戶畫家伊藤若沖，仿照〈藻魚圖〉畫過幾幅〈群魚圖〉。不過，市井出身的他描繪的魚很多樣，馬頭、河豚、赤鯮和秋刀都有出現，他的畫經常被複製掛在京都錦小路遮棚，做為錦市場的宣傳海報。不過，這些魚都頗優游自在，並非市場貨架上的魚，或者食客的盤中飧。

近代日本畫家畫魚最有名的，應該是被列為重要文化財的高橋由一〈鮭魚圖〉。高橋是學習過西洋美術的近代畫家，他選擇寫實主義的西洋畫風，讓被切割一部分的鮭魚露出魚肉、魚骨，且被吊掛在攤位上，栩栩如生，堪比相機鏡頭捕捉的畫面。高橋繪製的這幅圖是贈禮，他以鮭魚圖取代日本東北地區年節賀禮「新鮭卷」，饋贈給相熟的親朋好友，雖然不能拿來吃，但現在可是價值連城！

台灣美術史上最會畫魚的畫家，則是張萬傳。張萬傳是淡水人，愛吃魚，也愛畫魚。據說太太買回來的魚如果沒讓他畫過，是不能上桌的。為了保持魚的鮮度，張太太常催促他畫快一點，才不會畫完魚都壞了。

受西洋美術教育的張萬傳畫魚無數，筆下的魚大多是盤中飧，我們經常見到的秋刀魚、黑喉、白鯧、馬頭魚、石狗公都是他的繪畫題材。透過張萬傳的畫筆，台灣人愛吃海魚、懂吃海魚的島嶼色彩，被真實地記錄下來。還有另一位擅長畫魚的畫家是出身台南的郭柏川，他筆下的魚十分多樣化，聽說最愛吃的是虱目魚。

前陣子我在書店看到一本《餐桌上的魚百科》，圖文並茂，把台灣人常吃、愛吃的魚名畫下來，標示清楚，還提供最佳烹調方式建議，令人愛不釋手！烹調時可用，賞畫時也能比對，作為一本工具書，確實非常有用。

和風義大利麵與日常炒麵

有陣子我發現做義大利麵很簡單，於是每個週末都進行義大利麵練習。首先，將超市買來的麵條放入深鍋煮熟，一邊備炒料。炒料大致就是現成的青醬、紅醬、蒜燒三大類型，沒有白醬的原因，只是因為我個人不愛白醬，有種不科學的感覺，覺得吃了會胖。然後，洋蔥切成細丁，炒成透明狀，再加入各種配料，比如絞肉。我通常會採豬牛各半，原因是牛肉太瘦；比如培根或者西式香腸，再加一點櫛瓜或小黃瓜丁，顏色就很美；比如蛤蠣，可以讓湯汁提鮮。基本上就這幾種組合，拌入醬料炒熟再與麵拌炒。

關於麵的本體，義大利人喜歡麵心偏硬，日本或台灣人則喜歡麵心較軟，這取決於煮沸的時間長短，想要軟的話就煮久一點。麵以撈杓取出後可過冰水，讓麵更Q彈一點，瀝乾後置於炒鍋，再摻一點煮麵水；喜歡酸的話來一小杯白酒（只需少量，以免過酸），拌炒後即可起鍋裝盤。

義大利麵作法簡單，不過我首次烹煮也曾經出包，主要是麵

量的掌握度不好，想做三人份，居然下了一包麵，麵多到沒辦法拌炒，只好拿出另一只深鍋來拌，最後還剩下許多麵。

從義大利歸來的友人建議我做成派，結果超級失敗，浪費了一大碗麵和一些蛋。後來，友人提醒我以五元硬幣為單位，將一人分量抓出來。

自從開始做義大利麵之後，我發現實在太簡單，所以每次去餐廳時都不想點義大利麵。但是餐廳賣的義大利麵總有其厲害之處，像是台北老爺酒店後巷的「麵日和」，老闆是日本人，賣的也是日式義大利麵，在台灣的日本人圈頗有名氣。這家名店因為 Netflix 神劇《First Love》而走紅，劇中男主角佐藤健拿手的拿坡里義大利麵（ナポリタン）也跟著大受歡迎，門口總是排著長長的隊伍。

日本的外來食物常有一個特色，就是當地並沒有這道食物，比如天津沒有天津飯、台灣沒有台灣拉麵，拿坡里義大利麵也不是拿坡里的食物，而是日本人從義大利人那邊學來的洋食。

番茄是十六世紀西班牙人開始向外擴張時，從美洲帶回歐洲的蔬果。義大利人以此做成義大利麵紅醬，後來流傳到日本，經由日本人改良而成，在戰前頗為流行。不過，整體而言，義大利麵還是屬於高級洋食的一環。

二戰後，隨著日本經濟復甦，這種作法簡單又容易飽足的紅醬義大利麵，便以撒上很多起司的面貌，在喫茶店流行了起來，並有了「ナポリタン」拿坡里義大利麵這樣的名字，頗受愛泡喫茶店的學生族群歡迎，成為日本洋食的代表食物之一。

「麵日和」的拿坡里義大利麵便宜又好吃，在日劇大流行後引發了排隊熱潮，小店家的老闆天天因為預約又棄單的客人太多而應接不暇，最後只好取消預約，讓所有食客都來排隊，也讓很多老客人不免抱怨。

想要吃便宜的義大利麵，也可以選擇連鎖店薩利亞。我曾讀過一篇日本人寫的文章，討論如何讓薩利亞的義大利麵吃起來像在義大利吃的麵，建議方法是點最基本的番茄海鮮麵，再摻入大量的起司粉。後來看了ナポリタン的作法，發現其實就是日本的義大利麵吃法。畢竟薩莉亞是日本連鎖店，所以日本人的建議果然也是洋食吃法。

我閱讀的第一本村上春樹作品，是《遇見百分之百的女孩》，其中收錄了一篇〈義大利麵之年〉。那是一篇年輕時無法理解的文章，絮絮叨叨地談一些無關緊要的日常，比如煮麵，以及穿插其中，不理也不會怎麼樣的打擾，最後結束於一點可有可無的惆悵。事實上，這種情緒也是《遇見百分之百的女孩》書中各篇的主要氛圍，只是年輕時體會不多，會看這本書，只是因為看到書名，心頭就小鹿亂撞。

村上春樹的小說中經常出現烹煮義大利麵的情節，主角總是一邊做著什麼一邊煮麵，比如聆聽我很喜愛的羅西尼〈鵲賊〉序曲。村上喜歡在煮麵時聽這首曲子，是因為全長約九分鐘，剛好是煮麵所需的時間。

做了幾次義大利麵後，我有了台式炒麵應該也有類似作法的靈感，於是奔赴菜市場買了油麵，再找了蛤蠣、透抽、白蝦之類的海鮮試試。一樣是先把洋蔥切絲炒成透明，再加一點蒜，然後下海鮮、青菜、醬料；我用慣常的日式醬油、味醂、清酒當醬料調味，炒熟後速速將油麵摻入，拌炒一下即大功告成。

我第一次做這道炒麵時，起鍋前翻炒太久，湯汁皆被收走，口味偏日式。後來我在熱炒小吃攤，發現師傅都是將隔壁鍋的雞湯或大骨高湯撈兩勺，當作湯汁來收，就可以炒出有點湯水的台式炒麵。於是我也從旁邊燉煮的湯中撈一點出來，沒有煮湯時，就偷機取巧地用熱水加一點鰹魚粉。

幾次嘗試成功後，這道從義大利麵中得到靈感的台式海鮮炒麵，成為我家常有的家常菜之一。偶而想厚工一點，也會拿日曬的關廟麵先煮過再來炒麵，也是另一番滋味。無論是炒麵還是義大利麵，其中的大和魂，好像也成為我家餐桌的日常風景了。

加蛋小確幸

市場上缺蛋的傳聞時而有之，奇妙的是每當這種新聞出現時，平常不吃蛋的人也會特別想吃蛋，於是就會湧現一股搶購歪風。某日早晨我經過位在市區精華地段的農會超市，驚見排隊買蛋的人龍長達一、兩百公尺，心中不禁訝異，大家平常真的有這麼愛吃蛋嗎？

蛋確實是個好東西，當三菜一湯的小家庭少了一道料理時，蛋通常能夠快速填補缺口。從冰箱找出菜脯切小細丁可以做成菜脯蛋，解凍魩仔魚做成魩仔魚煎蛋，拿出蝦仁做成蝦仁炒蛋……倘若什麼都沒有，就來個麻油荷包蛋，都是可以快速上桌的好料。

蛋經常是外食時加菜的料理。由五位外出人一起創作的獨立音樂專輯《有土詩有才》中，音樂人黃培育創作了一首〈冰魯蛋〉，描述中秋節留在台北打拚沒有回鄉的遊子，以「頭家魯肉飯加魯蛋，一個人的中秋嘛要好好吃一頓飯」來激勵自己，令人印象深刻。

在口袋空空的學生時代，不管是魯肉飯加魯蛋、陽春麵加魯蛋、雞肉飯加荷包蛋都好，加蛋的那一餐感覺自己是個貴族；就算只是一碗「統一肉燥麵」，加了蛋也像是喝下一碗營養大補湯，彷彿好好地度過了不是那麼頹廢的一天。

在台灣便利商店販售的茶葉蛋的特殊氣味，也是一種集體記憶。肚子餓的時候，只要有一顆茶葉蛋，相信都會覺得人生是幸運而美好的。

可是，蛋其實不好料理，荷包蛋要做到像飯店早餐的太陽蛋那樣半生熟還煎得美，需要一點耐心和功力。我不是很有耐心的人，翻面常常太早，老是把蛋煎得醜不拉嘰。後來，家裡有人受不了，幫我買了煎蛋模具圈，把模具圈放入不沾鍋，油倒在模具中間，燒熱後將蛋打入，因為模具圈小，蛋就顯得完整厚實，蓋上鍋蓋，連翻面都不用，就是一顆美美的煎蛋，從此我也擺脫了不會煎蛋的罵名。

還有，像是魩仔魚煎蛋，通常是打了兩、三顆蛋後，再將魩仔魚、鹽巴和一點點米酒均勻攪拌，倒入鍋底不大、油已熱的不沾鍋，蓋上鍋蓋。待蛋稍微成形之後，拿出一個大盤子，將蛋橫移到盤上，然後快速反向倒回鍋裡，約二十秒左右就可以起鍋。如果一切順利，你會得到一個圓盤狀的完美煎蛋，只是在我的經驗裡，「快速反向倒回鍋裡」這個動作很容易失誤，因此蛋非完整圓盤狀也是常有的事，解決之道有賴於多多練習。

有一次我想做蝦仁煎蛋，如法炮製，結果蝦仁太大、太重，進行一個「快速反向倒回鍋裡」動作的時候，蛋碎掉了。這時我才知道蝦仁烘蛋之難，只好速速鏟開，改做蝦仁炒蛋。

蛋的料理也有很多變化，比如由雞肉和蛋組成的「親子丼」。洋蔥、雞肉炒熟之後，將打好的蛋緩緩淋入鍋中，翻炒幾下即可起鍋，才能避免過熟。前陣子看日劇《舞伎家的料理人》，季代就是從「親子丼」做起，讓大家發現不擅長舞技的她其實很會料理，而這道「親子丼」也是最家常、最有代表性的日本家庭料理。

這幾年吃過的親子丼當中，我最喜歡的是京都高台寺周邊、石屏小路附近的「ひさご葫蘆」，記得第一次去的時候，對店家的排隊規則很能不理解。

日本人排隊方式和台灣人不同，台灣的店家很彈性，會依照客人的人數和現在空出來的桌數調整排隊順序。但日本人可不是這樣，排隊人數是四人卻空出兩人桌時，並不會先把下個兩人組的客人帶進場。因此，偶而就會看到店內空桌不少，下一組客人因為人數不同而拖延了排隊時間，這應該就是台日文化大不同的差異吧。

總之，為了要吃「ひさご葫蘆」，排隊排了超久，一吃覺得實在太美味，幾年後去京都，又特別跑去吃了一回。那次已經超過晚餐的時間，沒什麼排到隊就開心地吃到親子丼，吃完後晃入圓山公園、八坂神社，再從祇園漫步到河原町，穿過橫跨鴨川的四條大橋回旅館。

這是京都最經典的一段觀光路，史上最年輕的芥川賞得主綿矢莉莎在《掌心裡的京都》中，就有不少場景發生在這條具有代表性的京都路上，在這裡走動，好像是京都觀光客必要的儀式。而且，畢竟是中年人了，吃那麼多澱粉真的需要一段挺長的消化時間。

這幾年，台北也有很多日本來台的親子丼連鎖店，像是「雞三河」就不錯。不過，我比較喜歡台式日本料理老店「梅村」，在那附近上班時，偶而嘴饞，中午會特別跑去。當然，吃完也不覺得特別厲害，但就是吃一種懷舊感啊！這道口味從小吃到大，令人懷念。

幸好，市場上雖然缺蛋，餐廳的蛋料理倒是還能夠供應。只是，比起排隊去買不見得那麼必要的蛋，我覺得比較重要的是，何時可以再飛去京都，在「ひさご葫蘆」門口排個長長的隊呢？

淡菜與男孩

第一次吃到淡菜是在美國，住紐約的屘叔為了歡迎我，帶我到附近酒吧喝一杯。那時台灣還不流行精釀啤酒，一口喝下，發現世上居然有如此美味的啤酒，從此打開了味蕾的新境界。當天端上的餐點是用啤酒煮的貽貝，一吃有種鮮甜感，英文叫做 mussels，中文字典裡叫做淡菜，但當時年紀還輕，只覺得長相類似淡水河口烤肉店的孔雀蛤。

後來有機會在西班牙海鮮燉飯上看見淡菜，我通常秉持著「好吃的最後吃」的原則，等吃完整鍋飯，才將淡菜入口。那淡菜通常是冷凍的，與當年在美國品嘗的鮮甜美味不能相比。幾年前，朋友在西門町開了一家小吃店，產季時會從馬祖進口淡菜，價格不便宜，但十分美味。只是淡菜上面有足鬚，賣相不是太美麗，我也不是太常點。

後來有機會訪問比利時，信步來到某家餐廳，看見黑板上寫滿了大約二十種烹調方式的 mussel 菜單，放眼望去，每桌談笑中的人們面前都放了一鍋淡菜，配著葡萄酒或啤酒，不禁令我想起當年在美國的體驗，趕忙也跟著流行點了一鍋。侍者先送上來的是麵包和炸薯條，接著是一個黑色的深鍋裝著滿滿的淡菜，湯汁以白酒、奶油、蒜片、番茄、洋蔥、西洋芹和巴西里調味。

比利時人的吃法是用夾子取出一顆淡菜，將殼剝成兩半，用沒帶肉的那邊當湯匙，挖開另一半的肉來吃；麵包和薯條則是沾湯汁食用，做為澱粉類主食。那湯汁帶有一點酸酸的檸檬味，可能是啤酒或白酒做成。白酒偏酸，啤酒則無酸味，總之非常好吃，一個人吃下一大鍋也沒問題。

這道淡菜是比利時最出名的料理，走到哪兒都有。不過，真心評價，歐盟區的餐廳味道比較好，大廣場附近氣氛很好的餐廳則多半是觀光客店。雖然花樣很多的服務生會將菜色排放得很美觀，但淡菜明顯比較小顆，口感也沒那麼新鮮，吃起來沒什麼驚豔感。由於淡菜是帶湯的熱食，很適合習慣晚餐吃點熱食的亞洲胃，因此在比利時出差那幾天，對我來說猶如久旱逢甘霖。

回台灣後很懷念這道口味，嘗試用大顆的文蛤做了一次。先將蒜片、洋蔥、番茄下鍋，大火翻炒幾次之後，加入半瓶啤酒或一小杯白酒，再稍微加一點水作為湯底。水滾後將西洋芹和蛤蠣放入，加上一些奶油，待蛤蠣開殼後放入巴西里或九層塔，即完成上桌。吃起來跟在比利時的味道八九成像，增加了不少烹調的自信心。

後來朋友介紹了一位馬祖淡菜的賣家給我，我依樣畫葫蘆，做了一輪。其實這整道菜除了九層塔是小火燜煮，其他時間都是大火，因此煮起來非常快。

不過，如果換成淡菜入鍋，前置作業就很麻煩。馬祖來的新鮮淡菜都是從海裡撈出，要拿刷子認真刷洗，把表皮的沙土、藤壺都刷掉，必須費上一點工夫。尤其淡菜的足鬚必須洗乾淨，若要求美觀，下鍋前要將之拔除。

足鬚為淡菜維持生命之必要器官，拔除後淡菜隨即死亡，因此只能在下鍋前清理，過程十分厚工，還會把整個水槽弄得髒兮兮，算是挺麻煩的料理。但是洗乾淨的淡菜下了鍋，不久就會打開，淡菜肥美、湯汁鮮甜，令人食指大動！前置的辛苦隨即一掃而空，配上比利時啤酒，有種一秒回到布魯塞爾的快感。

烹煮淡菜時雖然大多使用清爽的調味料，但淡菜本身有種味道，不喜歡的人會覺得臭，若有酒、芹菜、洋蔥、蒜片和香料調味，就能使那種特殊氣味轉為芳香鮮味，引人喜愛。因此，不管如何烹煮，這些香料絕不可少，做出來的淡菜才會可口。

淡菜在台灣算是少見，在馬祖淡菜流行之前，大多數台灣人只吃過冷凍淡菜，或是孔雀蛤。有陣子淡水河畔的河濱餐廳很流行孔雀蛤，清蒸、蒜炒、火烤、三杯都沒什麼問題，總之就是典型的台菜作法。

聽說早年淡水河口孔雀蛤多到撈不完，但後來因為汙染而減產，店家多改用進口淡菜取代。進口淡菜口感普通，於是漸漸失去了對於饕客的吸引力，河畔的現炒店也像淡水河口的孔雀蛤那樣消失無蹤，僅剩左岸的八里還有一家老店。

台灣人常把淡菜和孔雀蛤混為一談，牠們都是貽貝類，孔雀蛤的外觀有點孔雀綠，貝肉比較單薄；淡菜的外殼烏黑明亮，殼厚肉也厚，吃起來比較容易飽足。牠們算是宗親兄弟，但並非如出一轍。台灣自產的淡菜幾乎都來自馬祖，那裡天氣稍寒，比較適合養殖淡菜。每年五到九月的產季，不少老饕會和養殖戶下訂單，這幾年也有不少網紅跟上這股風潮，讓「馬祖淡菜」漸漸有了威名，和藍眼淚同樣成為台灣人心中的馬祖印象。

民進黨的連江縣黨部主委李問是我的後輩，他是一位有趣的年輕人，長得眉清目秀，為人親切可愛，有著「知其不可而為之」的傻勁和衝勁。當初他要去馬祖打拚，幾乎是人人說NO，覺得在那裡的發展有限，前途無亮。但這位有夢想的男孩堅持追夢，背著兩片淡菜殼，在南竿北竿四處走跳，不僅讓當地人印象深刻，透過新聞媒體傳播，在台灣本島也蔚為話題。

挑戰立委失敗後，李問決定扎根馬祖，他不僅在當地設置了黨部，還挑戰了連江縣長這個不可能的任務，雖然結果功敗垂成，但耕耘艱困選區的精神卓然可佩。現在他已經不用背著淡菜殼四處跑，但這位「淡菜男孩」未來能否在政壇創下好成績，仍然令人期待與祝福。

萬物可三杯

前陣子心血來潮打算涼拌茄子，但卻失手把顏色弄壞了。看著那土黃色的難看茄子不知道該怎麼處置，靈機一動，想到「萬物可三杯」這句話，就切了薑、蒜做成三杯茄子。雖然外型不怎麼漂亮，但口味還不錯，也算是混過一道菜。

「萬物可三杯」是烹調的硬道理，三杯是指麻油、醬油、米酒，加上蔥、薑、蒜和糖做出來的料理，其中最受到歡迎的，無疑就是三杯雞。這道菜太常吃到，只要雞肉好吃，大致上味道都差不多，因此也記不得誰家的三杯雞味道最好。

長安東路上有許多熱炒店，每家都有不少三杯料理，以熱騰騰的鐵鍋或砂鍋上菜，一鍋深咖啡點綴著九層塔綠葉，香氣最是逼人。

三杯是很容易自己在家做的料理，我的作法是讓麻油和薑蒜、蔥白先下，雞肉跟著下鍋，雞皮朝下逼出更多油，翻炒幾次後，待雞肉看起來熟了，下一點紅糖上色。有些食譜會建議雞肉先炸過，確實比較好吃，但一般家庭很少油炸食物，所以我都是用油煎上色而已。雞肉上色後加入醬油、米酒和蔥綠，翻炒幾次後放入九層塔，蓋上鍋蓋，轉小火燜一分鐘即可起鍋。

這道菜味道很香，在熱炒店、土雞城都是非常常見的料理。同樣作法的還有三杯中卷，作法和雞肉一樣，唯中卷殺清洗淨，切成環狀即可，無須先汆燙。依樣畫葫蘆的話，田雞、杏鮑菇、米血、雞豬內臟、鯰魚、牛羊肉都可以變出同口味的菜系。這道菜作法簡單，製程彈性，十個人可能有十一種作法。總之，大致看懂，再自行斟酌即可。

三杯雞的起源，一說是宋朝宰相文天祥獄中最後的晚餐，以醬油、甜酒釀和豬油製成，因此有人將之歸納為「贛菜」。不過，江西菜在台灣並不多見，要在台北找到贛菜身影，真的不容易。

此外，酒釀是外省菜，並非台灣人習慣的口味。作家王盛弘在《雪佛》中有篇文章寫到當兵時，長官帶著兩碗湯圓來到伙房，自己吃一碗，給他一碗當作慰勞，「湯頭白濁微酸微甜，怎麼還有股腐敗的氣味。」於是他裝模作樣地問問來由拖時間，長官離開後，才把這碗像嘔吐物的湯圓丟進了馬桶。

這印象跟我第一次吃到酒釀的感受一模一樣，也顯見這道食物並不常出現在台灣人的飲食習慣當中。

酒釀和豬油，跟我們一般認知的米酒和麻油很不一樣，因此推測文天祥的最後晚餐是三杯雞，可能他自己都不會同意。

學者郭忠豪在《品饌東亞》一書中，上窮碧落下黃泉地尋找三杯雞的起源。他認為文天祥的最後晚餐之說，可能源自於戰後台灣的文化權力多由外省人掌握，才會忙著幫食物認祖歸宗，也因此找上文天祥這位憂國憂民的殉國志士。他的說法合情合理，戰後台灣人被改變國籍，面臨重新學習語言的失語問題，鍾肇政在一九五七年發起《文友通訊》，就是在尋找能夠書寫中文的志同道合創作者。鍾肇政的文友人數既然屈指可數，可以想見當年本土文學的荒蕪實屬必然，更遑論飲食文學。

為了尋求三杯雞的起源，郭忠豪找遍擅長三杯雞的台菜師傅做訪問，推測三杯雞的由來可能和早期台灣衛生條件不佳與節儉有關。三杯的口味重，醬油、糖和辛香料的味道是關鍵，容易遮掩食材的本味。早年的台灣，吃肉是好人家才有的特殊待遇，因此民間養雞人家如果發現雞隻生病，會趕快趁著沒死之前殺來吃。病死雞口感不佳，需要以重口味遮掩，才有了三杯雞這道菜。

隨著時代變遷，社會漸漸走向富裕，病死雞不宜吃已是常識，但重口味人人喜愛，新鮮的食材也會拿來三杯，才有了熱炒店的各種三杯料理。

郭忠豪對三杯雞的身世還有另一個假說，他認為台灣婦女坐月子喜歡吃麻油雞，但許多人對酒類敬謝不敏，哺乳中的女性似乎也不宜攝取酒精，因此三杯雞的乾燒作法，不僅留下了麻油，還讓酒精徹底揮發，可以作為麻油雞的替代品。

其實戰後的台灣既然是外省、本省人大混雜，不同區域的「混省菜」交流必然百花齊放。基於當時的政治正確考量，好像也得幫食物尋找祖宗，老饕考證的方向自然往原生的中國大陸去，像文天祥這樣教忠教孝的悲劇英雄，自有其符合主流政治意識形態的道理。

只是，台灣人好吃的三杯雞，用的是台灣人才吃的麻油。麻油炒來香氣十足，最有名的產地是雲林北港，走出朝天宮，在老街上要是巧遇店家正在作業，整條街上瀰漫著一股相同的麻油味。幾家老店捨棄傳統大甕，改用不鏽鋼桶裝油，一打開上等麻油的蓋子，香氣十足，聞著聞著，肚子都餓了。

麻油是台菜常見的調味油，炒川七、炒三杯、做雞酒薑母鴨，都少不了麻油煸薑片或薑絲的基本套路，這招倒是很少在其他菜色中見到。

回到三杯的起源，我個人比較偏向節儉說。既然萬物可三杯，所有菜餚搞砸的時候，都可以用三杯混過。茄子氧化掉就三杯，煎魚煎破皮就三杯，冰箱剩太多買蛤蠣送的九層塔，不知道該怎麼辦時也三杯，反正麻油、醬油、米酒、砂糖、蔥薑蒜、辣椒自行依口味搭配組合，作法簡單又彈性，確實是餐桌上的好咖料理。如果身在國外準備參加Potluck，自帶一菜首選三杯，廚藝白痴都能搞定！若同桌有台灣人，更能激起思鄉之情。只是，外國麻油和米酒不容易找到就是了。

秋刀魚之味

去日本旅行的時候，若有訂飯店早餐，我總是會在和式那區流連，一碗白飯、醬菜，加上幾片魚和味增湯，偶而有個溫泉蛋、明太子或是咖哩，都讓旅人的一天有個好的開始。

前陣子去東京出差，除了常見的烤魚煎魚外，竟然有佃煮秋刀魚，心頭大喜，不顧在台灣戒澱粉一段時間的自我鞭策，多吃了一碗飯。

佃煮秋刀魚味道甜鹹交織，魚骨頭煮得酥軟，入口不柴，帶點山椒粉的香氣，放在白飯上讓白飯沾黏一點醬汁，頗令人喜歡。這道菜不難做，但需要的時間有點長，偶而我在菜市場看到秋刀魚會買來一試。

通常我會在菜市場就直接讓魚販把秋刀魚去頭尾切三段，挖空內臟。回家後把秋刀魚洗乾淨擦乾，想要香一點的放油下去煎，想要清爽一點就不料理，先靜置一旁。佃煮的醬料百變不離其宗，包括清酒、砂糖、味醂、日式醬油、烏醋，有些人講究比例，我則是看心情調配，總之，就是作成一碗拌勻。接著切一點蔥薑蒜，將秋刀魚放入鍋中，倒入醬料，加一點水或昆布高湯直到蓋過魚身，接下來就蓋上鍋蓋開最小火。因為調味自由，因此煮滾時務必試一下口味，看看需要增補什麼，讓湯汁成為自己喜歡的口味。煮的過程要稍微注意是否黏鍋和水量，兩三小時後即可關火，大功告成。這道菜可以吃冷也能吃熱，熱食就直接擺盤，冷食的話則可置放冰箱一晚。

秋刀魚的季節是秋冬，這時候也是蘿蔔的季節，有時做佃煮，我也會將蘿蔔削皮切塊放入同煮，蘿蔔會吸附醬汁，味道很不錯。

如果不喜歡佃煮，可以把秋刀魚整尾或切段，直接丟進烤箱烤。秋刀魚內臟有苦味，有些人不喜歡，切段後用鐵筷插入最前面那段，即可將內臟推出。不過，所謂秋刀魚的滋味，就是那份帶點甘味的苦，有些人特別喜愛，可謂大人的滋味；許多人對秋刀魚的記憶，便是這樣的風味。

也因為那份大人回憶中的甘苦，秋刀魚一直是文學家喜愛書寫的題材，作家廖志峰曾經出版了關於父親回憶的散文集，就名喚《秋刀魚的滋味》。曾在台灣壯遊的唯美作家佐藤春夫，也寫過關於豪爽大啖秋刀魚的詩文，還有文青雜誌取名《秋刀魚》，看來愛好秋刀魚味道的人實在不少。

頗受歡迎的導演小津安二郎最後遺作便是《秋刀魚之味》，片中並沒有出現秋刀魚料理，小津取秋刀魚之名，除了表達甘苦之外，應該是因為秋刀魚便宜，其實就是尋常人家經常吃的魚種。這位善於拍攝生活日常，自稱「只是個賣豆腐的」的導演，取秋刀魚那份尋常為影中神髓。

秋刀魚確實很便宜，菜市場一百元就可以買上三、五條，夠一家人一餐飽足。我印象中人生中吃過最多秋刀魚的階段，就是當兵時。我的部隊是旅級單位，伙房兵幾乎都是有照廚師，伙食相當好。軍隊的廚房有個大烤箱，秋冬之時，每幾天就會採購大批秋刀魚回來，只切兩段，排整齊，醬油刷刷，全部丟進烤箱，吃飯時直接拿出烤盤一擺，整個部隊香噴噴，大家自行取用。

我不愛秋刀魚內臟那份苦，所以選魚時通常是選後段。後段拔刺很簡單，先用筷子把一面上半段的魚肉吃掉，下半段魚肉可以直接用筷子整片拿下，接著找到骨頭往上一拉，便能整串拔起，一口魚刺也吃不到。如果選的是前段，因為有內臟在，魚腹那邊細刺就很多，用筷子慢慢撥，也是能整個移除。

作家川本三郎在《少了你的餐桌》中回憶自己還是菜鳥記者的時代，第一次到岩手縣的釜石採訪鐵工廠合併案，遇到沒什麼姿態、對他頗為照顧的前輩O先生。採訪結束的那天晚上，他與O先生和他家的小男孩一起吃烤秋刀魚，前輩替小孩細心拔刺的樣子，讓他至今想起來都覺得溫馨，也顯見觀賞替多刺的秋刀魚除刺的技巧，確實是一件療癒的事。

下班之後，偶而懷念這款味道，我會到居酒屋或壽司店，若能吃上一尾秋刀魚，配點啤酒或清酒，享受為秋刀魚剔刺的過程，更甚於秋刀魚本身的滋味。

有回秋天時分，到家附近裝潢簡單、簡直如我家食堂的「幼魚壽司」，熟識的老闆說今天有秋刀魚生魚片，一試之下驚豔無比！秋刀魚瘦，油脂少，熟成後口味清爽，非常美味，於是一試成主顧。

雖然那間壽司屋已不堪疫情壓力而搬走，但只要秋冬吃壽司，無論是迴轉壽司還是板前，我都必點秋刀魚，作為秋冬時節自我療癒的重要儀式。

活躍的蝦子

求學時代有次去高雄旗津玩，免不了在海鮮街上大啖美食。在海產小吃店點完菜後，聽見店裡工作的阿姨咕噥一句：「沒魚也沒蝦」，彷彿我們點的菜上不了檯面。畢竟當時還是學生，手頭並不寬裕，心裡也沒當作一回事，但在心中種下了「原來蝦是高級食材」的觀念。

確實如此。吃海鮮鍋時總有幾隻蝦、海鮮燉飯或是義大利麵也有幾隻蝦，紅豔的蝦子帶給食用者如此美好的視覺感受，彷彿這頓飯都因為這幾條蝦而高檔了起來。但其實我不太愛吃蝦，嫌剝蝦麻煩，泡菜海鮮鍋裡那條讓整鍋生色起來的蝦子，我常常都沒吃。

不只是剝蝦殼，蝦的生鮮處理，往往得耗費一番工夫。首先是把蝦洗淨，然後找到一根尖尖的東西，從蝦頭到蝦身的連結處挑出泥腸。挑泥腸這道程序很費工，但很有成就感。如果技術不純熟的人，可以拿食物剪把蝦背稍微剪開，泥腸會比較容易找到。首次剝蝦的人常找不到泥腸，反而去挑蝦肚子上的筋。蝦筋不容易整條抽出，挑筋者通常會把自己弄得很狼狽，不過挑過筋的蝦煮出來不會蜷縮成一團，賣相稍美。

接著是剪蝦頭，我自己習慣把蝦頭的觸鬚、蝦腳和蝦頭上堅硬的鋸齒剪掉。如果買的是肉比較Q彈、烤肉架上最香的泰國蝦，那就要連著蝦螯一起剪去。其實不剪也不會怎樣，只是煮起來比較美，方便食用時剝殼而已。雖然這兩道工聽起來簡單，但做起來滿手臭腥味，做完還得洗一下水槽，很多人便聞之卻步。

最近我在直興市場找到一個海鮮攤，老闆娘開朗熱情，販售的海鮮價格公道，一盤一盤裝在盤子當中出售。當她有空時會應顧客要求，剪蝦頭、挑泥腸。老闆娘動作飛快，看她做這些事情超療癒。有時候運氣好，在等挑泥腸時遇到別的客人不要蝦頭或剝殼，我也會連同蝦頭一起領走，回家自己做蝦高湯。

日式蝦高湯作法很簡單，放點油把蝦頭丟進鍋裡，一邊炒一邊用鍋鏟壓碎蝦頭，把裡面的蝦膏擠出來，然後加上一點清酒，待酒精揮發後，將鍋中物徐徐濾到碗內，做味噌湯時也可使用。

如果蝦子需要整隻料理，不必把蝦頭另外摘除，撒點鹽巴就可以丟進烤箱BBQ；撒點薑蒜丟進蒸鍋，幾分鐘就是清蒸大蝦。我自己最常做的是啤酒蝦，把蔥薑蒜炒一炒，將蝦放入，加一點醬油、啤酒。如果有九層塔，待蝦身轉紅後放入，以餘火燜一下即起鍋。只要蝦子新鮮，這必定是一道漂亮可口的料理。

如果是泰國蝦，除了烤箱外，另一種作法就是檸檬蝦。把蝦煎紅之後放入薑蒜辣椒，加一點米酒，待酒精揮發後再加一點檸檬汁、香茅調味，即可起鍋。

料理蝦子有很多變化，比如台南有名的蝦仁飯我也略懂一二。集品和矮仔成是兩大名店，味道都很不錯。選過剝殼的火燒蝦和拌勻湯汁的白飯一同，再加上一碗蛋包湯確實人生滿喫。

台南的觀光小吃名店都要排隊，偶而順路經過，卻無法馬上吃到，心中總有一絲遺憾。後來某天我心血來潮上網查詢，發現蝦仁飯其實不難做，便立馬嘗試，一試之後竟備受讚賞，也做出了一番心得，像是先把蝦仁剝殼，蝦頭和蝦殼清洗後以米酒浸泡去腥。下點麻油，將蝦頭蝦殼連同米酒入鍋，像煮蝦高湯那樣壓扁蝦頭，擠出蝦膏。等到蝦殼和頭都變紅後，將殼和頭撈出丟棄，再加一點麻油放入切好的薑末和蔥白，大約三、四分鐘後將米酒、醬油、蠔油和砂糖做成的醬汁徐徐倒入，並將蝦仁放進鍋中。蝦仁熟的很快，可以先用長筷

夾出來，接著把煮好的白飯放進鍋中，開始翻炒，拌勻後再將蝦子放回鍋內攪拌幾下，撒點蔥花，即是好吃的蝦仁飯。

我喜歡做蝦子料理，主要是因為前置作業完成後，烹調的過程多半簡單。但其實我並不愛吃蝦，因為剝殼很麻煩，剝下來的殼若不趕快丟棄，一個晚上就臭不可聞，非常可怕。還好，後來廚餘機救了我，把蝦殼一股腦丟入，讓機器拌炒一番，出來的碎屑還散發出淡淡的蝦味先香氣，不知道這是不是蝦餅製造的緣起？想想覺得有點可怕。

市售的鮮蝦大多是急凍的養殖白蝦或草蝦，傳統市場偶有活蝦，在攤上活力十足，不斷扭動，就像個三、四歲的臭男孩。偶而去爬山，也會在溪裡看見幾條小蝦，興味十足地在溪澗中活動。最能掌握活蝦動態的畫家莫過於民國的水墨大家齊白石，他筆下的蝦活靈活現，彷彿就在你眼前跳躍著。據說齊白石曾想要畫蝦來換蝦，只是攤商不知此人筆下之蝦價值連城，硬是不給換。有人感嘆賣蝦郎不識貨，但換個角度想，好馬也要遇到伯樂才有價值，畫蝦自然也得有愛蝦人收藏才有意義。

除了齊白石外，出身京都錦市場的伊藤若沖也很會畫蝦。他的魚蝦作品很多都是隨手巧繪，至今名聞遐邇，甚至成為錦市場招攬來客、對外宣傳的代表作。只是，齊白石還在世時已經是名畫家，若沖則一直要等到去世百年後才受到主流美術的矚目與重視，也算是一人一種命。

除了美術品有蝦，每個家庭裡或多或少也都見過畫在碗盤上的魚蝦。我有個小小的醬油碟，上面畫的就是活靈活現的蝦子，是誰畫的不得而知，但倒上醋或白醬油，蝦子若隱若現，這是不見得頓頓有魚、餐餐有蝦的普通人家自欺欺人的美食想像。

我的廚房裡有一幅裱過的齊白石〈群蝦圖〉複製品，那圖向東，早起時總見到太陽直曬。有次畫家好友來借宿，他一早起床站在廚房觀景窗前，回頭一看，看見九十三歲白石老人的作品在曬太陽，心頭一驚！當我起床後立刻質問我。我看了一眼，那是小時候父親在故宮買的複製品卷軸，後來我看卷軸破舊了，便找人裱框起來，重新上牆。明明是我救了這幅畫，怎麼反過來被質疑是在謀財害命，人生果然很多冤枉難伸。

煎牛排的初心

自有記憶起，牛排一直都是昂貴美食的代表。早年三軍俱樂部有西餐廳，母親偶而會帶我去聚餐。通常她會幫我點豬排，有一次我很堅持要吃牛排，母親拗不過我，只好點了一道牛排。侍者端來時鐵盤發出滋滋聲，牛排和三色豆、麵條、一顆半熟蛋齊上，我心中浮起了一份幸福感，啊～原來這就是牛排啊。

我成長的九十年代，是台灣經濟起飛的年代，平價牛排也流行了起來。家裡附近開了一間「我家牛排」，有次老師請考試排名前十名的小朋友吃牛排，比較見過世面的孩子點菜時可以說出七分熟、八分熟，上菜時還懂得把紙巾攤開隔絕亂噴的油，讓當時的我大開眼界。不過，長大後我才發現牛排沒有八分熟這種選項。

母親善於做菜，忖度做牛排似乎不難，於是家裡定期有了牛排宴。通常都在週末，早上會宣布今晚吃牛排；到了吃飯時間，父親拿出電鐵板燒，準備好油、酒、鹽、胡椒等各種配料，然後在煎鍋旁邊的牆上貼上一張大白紙，以免油噴到白牆上。牛排宴的前菜往往是蝦子，然後是牛排，接下來會有豆芽和青江菜，最後的重頭戲是日式炒麵，吃完之後酒足飯飽，算是家族日常中的美食興味。

年紀稍長之後我離家外宿，小套房沒有廚房，買了一個電鐵板燒，偶而也會買點菜肉，在家煎起牛排。新鮮牛排不需要太多調味，下了油，撒一點鹽和胡椒，兩面煎熟就可以吃。關於熟度不需要太計較，覺得不夠熟再煎一下就好，這是我最早學會的一道菜。

後來長大一點，偶而也會去外面餐廳點牛排。大多數都是校園牛排，像師大附近的「牛魔王」，還是保有「我家牛排」那種台式風，無限供應超甜紅茶，玉米很少的玉米濃湯還可以加價鋪上一塊酥皮，旁邊擺上三色豆和麵條。當然，一定要摻一點「紅人」牛排醬。而重要的約會日，就要去我那一代大學生會去的「鬥牛士」，或者是連鎖的「西堤」。「西堤」有陣子賣的是組合肉，刀從上下左右切下去都可以順著紋理。不過，那時候我也不懂什麼組合肉，以為氣氛好就是好餐廳，遇到各種佳節也會去餐廳門口加入排隊的人潮，自以為擺脫酥皮濃湯是一種成長。

上班之後，經濟條件改善了，偶而有機會去聞名的牛排餐廳用餐，比如老牌的「紅屋」、「沾美」、「統一」或者「亞里士」，這時候已經吃得出這些餐廳的主力就是牛排，牛排之外的配菜都不用太期待。有時候為了慶祝，會去晶華的「Robins」或者「教父」這種名店，各種食物當然都屬上乘，但結帳時發現比飯店住一晚還貴，還是有點心痛。

偶而我也會走進高貴的鐵板燒店，但年紀漸長，食量愈來愈小，通常上到魚時就已經飽了，最後的主菜牛排常常吃不下。

牛排是西餐的代表，出國一定會吃到牛排。某年去歐洲訪問，在比利時的觀光大城布魯日隨意找了一家餐廳，點了一客肋眼牛排，五分熟恰到好處，口味也非常出色。

歐洲餐廳酒水不貴，吃西餐無酒不歡，因此我大方地點了半瓶紅酒。這是相當愉快的一餐，結帳時也沒有貴到令人嚇一跳。回來後，我才發現隨意走進的那家竟是百年名店，布魯日不愧是千年古城。

當然也是踩過牛排的雷，比如每每出差時，宴客必吃的牛排就很雷。由於公務在身，每次都覺得味如嚼蠟，口味比飛機上的料理還糟糕。不過，出差日常中，也有令人印象深刻的趣事。

某一年去非洲的史瓦帝尼，不知為何有個空檔，夥伴們決定在飯店的牛排館用餐。侍者來問熟度，答曰五分，當場被長於外交禮賓的同事糾正，要求改為三分。我有點擔心地問：「三分不會太生？」同事說等等上桌的都是全熟，你說三分，還有可能幸運地遇到五分或者七分熟。聽聞此事，我用不可思議的眼光看了他一眼，上菜時刀鋒一切，噹噹，果然是全熟。

牛排也可以有一些變化，比如壽喜燒。這是日本人在發薪日喜愛的食物，在外面吃不便宜，自己料理則不難。準備好跟鐵板燒差不多的食材，用清酒、味醂、日式醬油和砂糖調好壽喜燒醬汁，將生蛋打進碗裡，便可以開始烹煮。將切好的燒薄烤肉片放入鍋內，淋上醬汁，約五分熟時即可起鍋，放進生蛋碗內涮一下即可吃，和鐵板燒交互運用，讓家庭料理生色不少。

不過，就算看盡千帆，我最常做的還是自己在家煎牛排。台灣的超市有很多牛肉選擇，吃草的澳洲牛比較瘦，吃穀的美國牛肉質比較肥，當然也會有一些出人意料的澳洲穀飼牛出現，這幾年還加上了日本和牛的選擇。我個人是比較偏愛美國牛，竊以為把牛肉放進熱又無油的鍋子中仍會發出滋滋聲響的，才是好吃的牛肉。

即使有二十多年煎牛排的經驗，一直到現在，我還是常常搞不清楚，如何煎出剛剛好的五分熟？比較簡單的作法是兩面煎熟之後丟進烤箱，但偶而也會像是史瓦帝尼的牛排那樣，一不小心就全熟了。這也像是人生，你以為可以控制的，其實經常失控。

生活文化81

無事烹小鮮

作　者—李拓梓
責任編輯—龔橞甄
校　對—劉素芬、曾羽婕
封面設計—任宥騰
內頁排版—江麗姿
總編輯—龔橞甄
董事長—趙政岷
出版者—時報文化出版企業股份有限公司
一〇八〇一九　臺北市和平西路三段二四〇號四樓
發行專線—（〇二）二三〇六六八四二
讀者服務專線—〇八〇〇二三一七〇五・（〇二）二三〇四七一〇三
讀者服務傳真—（〇二）二三〇四六八五八
郵撥—一九三四四七二四　時報文化出版公司
信箱—一〇八九九　臺北華江橋郵局第99信箱
時報悅讀網—www.readingtimes.com.tw
法律顧問—理律法律事務所陳長文律師、李念祖律師
印刷—家佑印刷有限公司
初版一刷—二〇二三年八月十一日
定價—新台幣三八〇元

時報文化出版公司成立於一九七五年，
並於一九九九年股票上櫃公開發行，於二〇〇八年脫離中時集團非屬旺中，
以「尊重智慧與創意的文化事業」為信念。

無事烹小鮮 / 李拓梓著 . -- 初版 . -- 臺北市 : 時報文化出版企業股份有限公司 , 2023.08
面；　公分

ISBN 978-626-374-060-0(平裝)
1.CST: 食譜 2.CST: 烹飪 3.CST: 飲食風俗

427.1　　112010866

ISBN978-626-374-060-0
Printed in Taiwan